高校数学でわかる光とレンズ
光の性質から、幾何光学、波動光学の核心まで

竹内 淳 著

本書で解説した被写界深度等を計算するエクセルファイルを、ブルーバックス公式サイト内の特設ページに載せています。下記のURL、またはQRコードを読み取ってアクセスしてください。

http://bluebacks.kodansha.co.jp/special/light_lens.html

(QRコードは(株)デンソーウェーブの登録商標です)

装幀／芦澤泰偉・児崎雅淑
カバーイラスト・もくじ・章扉／中山康子
本文図版／さくら工芸社

はじめに

　私たちの身の回りに満ち満ちているもの、それは光です。目から得られる情報は、多くの生き物にとって日々の生存のために極めて重要です。光によって目の奥の網膜に形成される像によって、対象物の形、色、距離などの情報がもたらされます。

　人類は長い間、「見ること」については肉眼が持つ能力そのものに頼ってきました。しかし、16世紀のヨーロッパでレンズを使う拡大鏡、顕微鏡、望遠鏡が発明されてから、人類が見ることができる世界は広がり始めました。従来見られなかったものを見られるように変えること、それは光学と呼ばれる学問が持っている大きな魅力の一つです。また、19世紀にはカメラが発明されて、映像の記録が可能になりました。記録された映像は、時間と空間の両面に広がり、いまや世界中の人々が同一の映像をほぼリアルタイムで見ることができます。しかも、それを人類の文明が続く限り、かなりの未来まで伝えることも可能です。ここにも、光学が大きく貢献しています。

　本書の前半では、光を光線として扱う幾何光学と呼ばれる分野を解説し、特にレンズの働きを明らかにします。光学機器としては、カメラやメガネ、それに望遠鏡や顕微鏡が大活躍しています。このレンズに関わる物理を基礎から知りたいと思っている方は多いことでしょう。カメラマンにとって重

3

要な被写界深度等を計算するエクセルファイルもブルーバックスの公式サイトに載せています。さらに本書の後半では波動光学に踏み込み分解能を決める要因を明らかにします。

　本書は、大学の学部レベルの光学の基本となる知識と体系を、高校数学の知識を身に着けていれば理解できるよう工夫してみました。今、大学で光学を学び始めたばかりの学生のみなさんや、大学の光学を早くのぞいてみたい高校生のみなさん、それに少し本格的に光学を勉強してみたいと思っている社会人のみなさんのお役にも立てることと思います。本書を読み進めるにつれて、光学の知識は一つずつ確実に読者のみなさんの頭脳に吸い込まれていくことと思います。また、ときには少し難しいところもあって、一瞬つまずくこともあるかもしれません。しかし、それを乗り越えて最後まで読み終えたとき、そこにはきっと新たな世界が見えていることでしょう。

もくじ

はじめに　*3*

第1章　光の性質　*11*

北斎と逆さ富士　*12*

光の性質　*14*

光の反射の法則　*15*

光の屈折の法則　*16*

空気と水の界面での屈折　*18*

全反射　*21*

光線逆進の原理　*23*

光の波の性質　*23*

光の粒子説と波動説　*28*

電磁波と偏光　*32*

第2章　凸レンズと実像の関係　*37*

レンズ　*38*

ピンホールによる像　*41*

凸レンズによる結像　*41*

物体と像の関係　*44*

角倍率　*48*

縦倍率　*50*

コラム　一眼レフカメラの構造　*53*

第3章　カメラと目 ——————————— 55

初期のカメラと写真　56
映像距離　57
フィルムから撮像素子へ　59
画角　62
被写界深度　63
焦点深度　67
レンズの明るさや絞りの大きさを表す数字＝F値　68
被写界深度の大きさを求める　69
パンフォーカス　73
人間が持つカメラ、目　75

第4章　なぜ拡大できるのか
　　　　—虫メガネ、望遠鏡、顕微鏡— ——— 79

虚像って何？　80
虚像の倍率について考えよう　83
レンズ1枚の究極の拡大鏡　86
凹面鏡　89
顕微鏡　92
望遠鏡の考案　95
ケプラー式望遠鏡　97
ガリレオ式望遠鏡　100
ガリレオ・ガリレイ　103

天体望遠鏡 *104*

正立像望遠鏡 *106*

コラム 肖像画のない科学者フック *109*

第5章 近軸近似と光線追跡 ——— *111*

レンズの形 *112*

レンズと光線の関係を数式を使って表そう *113*

近軸光線の近似 *116*

光線追跡 *119*

移行行列 *120*

平面での屈折行列 *121*

左に凸の球面での屈折行列 *122*

右に凸の球面での屈折行列 *125*

薄肉レンズの光線行列 *127*

球面の凹面鏡での反射 *128*

光線行列の表記方法 *130*

2枚の薄肉レンズの合成 *131*

2枚の薄肉レンズの合成と主平面 *134*

2つの主平面の光線行列の性質 *139*

厚肉両凸レンズの光線行列 *142*

厚肉レンズの主点と主平面 *144*

カール・ツァイスとアッベとショット *148*

コラム 光学の巨人たち *152*

| 第6章 | 波としての光 — 波長、屈折率、光路長（アイコナール）の関係 — *153* |

波としての光 *154*

光が波であるという性質を使ってスネルの法則を導く *156*

光路長 *160*

フェルマーの原理 *165*

マクスウェルの方程式からスネルの法則を導く *169*

無反射コート *173*

| 第7章 | 単色収差 *177* |

収差 *178*

ザイデル収差の導出 *179*

第1段階：光学系のモデルを理解し、波面収差が2つの
　　光路長の差として表されることを導く *179*

第2段階：光線収差が波面収差の偏微分で
　　表されることを導く *183*

談3段階：波面収差を表す関数の形を推定し、(7-10)式と
　　(7-11)式を使って光線収差を求める *187*

球面収差 *192*

コマ収差 *195*

非点収差 *198*

像面湾曲 *200*

歪曲（ディストーション）*202*

第8章　色収差　205

色収差　206

フラウンホーファー線　208

フラウンホーファー　210

光学ガラスのアッベダイアグラム　211

色収差の補正　212

アクロマートの発明者は誰か　218

第9章　回折と分解能　223

分解能の限界とは　224

複素数で波の式を表す　225

複素数を座標に表示する方法　226

オイラーの公式　228

波を表すのに便利な虚数　230

レンズによる集光スポット　231

フラウンホーファー回折　235

フレネル　237

レンズによる回折　238

瞳関数　242

集光スポット径の計算　250

おわりに *253*

付　録

ラジアンと $\tan\theta \approx \theta$ の近似　*255*

三角関数の加法定理　*256*

2行2列の逆行列　*257*

サイン、コサイン、指数関数のテイラー展開　*258*

複素指数関数の微分　*259*

$\sqrt{1+x} \cong 1+\dfrac{x}{2}$ $(x \ll 1)$ の近似　*260*

直交座標の積分から極座標の積分への変換　*261*

計算ファイル（エクセル）の説明　*263*

参考資料・文献　*265*

さくいん　*267*

第1章

光の性質

■北斎と逆さ富士

　光は様々な面白い現象を引き起こします。江戸時代の文化人たちを驚かせたのは「逆さ富士」の映像でした。現代の私たちにとっては、「逆さ富士」と聞くと富士五湖の湖面に映る逆さ富士を連想しがちです。しかし、江戸時代の人々を驚かせたのは、室内の障子に映る逆さ富士でした。この逆さ富士を絵に残したのが、浮世絵で有名な葛飾北斎（1760〜1849）です。北斎が描いた絵本『富嶽百景』の中には、障子に逆さ富士が映り、それに驚いている人々が描かれています。

　では、なぜ、逆さ富士が室内に映ったのでしょうか。それは障子の外側にある雨戸に節穴が開いていたからです。北斎

浦上蒼穹堂 所蔵

第 1 章 光の性質

はこの絵を「さい穴（節穴）の不二」と名付けました。日本では、『南総里見八犬伝』を書いた滝沢馬琴（1767〜1848）も雨戸の穴によって障子に外の景色が映ることを書き残しています。小孔（ピンホール）を通過した光が倒立の像を映すという現象は、古代のギリシアや中国でも知られていました。ヨーロッパでは、図1-1のような暗室を使ってスクリーンに像を映す部屋が15世紀ごろから使われました。この部屋の壁には1ヵ所だけピンホールが開いていて、その穴を通過した外界からの光が室内の壁（スクリーン）に上下左右が反転した像を映す構造になっていました。この部屋を使って、スクリーンの位置にカンバスを置き、像をなぞれば写実的な絵を描けます。この部屋をケプラー（1571〜1630）は、カメラ・オブスキュラと名付けました。日本語に直すと「暗い部屋」すなわち暗室という意味です。

　この倒立像が映る理由を考えてみましょう。それは、光の特徴的なある性質によります。図1-1を眺めてみるとすぐに気づくと思いますが、それは、**光の直進性**という性質です。図1-1で、左の木のてっぺんで乱反射した光は、ピンホールをまっすぐに抜けて暗室の壁に直進します。また、木の根元で乱反射した光もピンホールをまっすぐに抜けて暗室の壁に

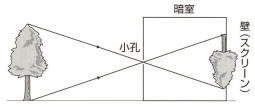

図1-1　カメラ・オブスキュラ

直進します。このため壁の像は上下左右が反転します。また、直進するがゆえに、木のてっぺんの像と根元の像が壁の上で重なったりしないわけです。

　光には、この直進性の他にも基本的ないくつかの性質があります。本章では、それらの光の性質について見ていきましょう。

■光の性質

「光はどのような性質を持っていますか？」と質問されたとすると、読者のみなさんの脳裏には何が浮かびあがるでしょうか。光の持つ性質として、最初に挙げられるものはさきほど触れた「光の直進性」です。これは、「光源から発した光は、（空気中を）まっすぐに進む」という性質で、紀元前3世紀の学者ユークリッド（エウクレイデス）が最初に発見したと言われています。ユークリッドは幾何学の創始者で、エジプトの王プトレマイオス1世に幾何学を教えていたとき、その難しさに苦しんだ王が、「何か近道はないのか？」と尋ねたところ「幾何学に王道なし」と答えたことで有名です。

　光の直進性を体験する最も簡単な方法は、太陽光を小さな鏡で反射させて、壁にあててみることです。反射光をあてる壁までの距離を1メートル、2メートル、3メートルと順次離しても、かなり離れたところまで、反射光があまり広がらずに到達することがわかります。太陽光を鏡で反射させて簡単な信号を遠くに送るという方法はかなり昔から使われてきました。今でも、遭難時に捜索ヘリコプターなどに助けを求める手段としてシグナルミラーと呼ばれる小さな鏡が市販されています。反射光の到達距離は条件が良ければ数キロを超

えるようです。シグナルミラーは太陽光を必要としますが、電池が不要であること、故障しないこと、軽いことなどのメリットがあります。

　光が直線的に進むことは「光線」という言葉があるように、私たちにとって経験的にはかなりあたりまえのことです。近年では、レーザーポインターが安価に手に入るようになったので、レーザー光を遠くに飛ばして、光の直進性を確認することもできます。レーザーは、光の直進性という性質が表に現れるように考案された装置です。

■光の反射の法則

　ユークリッドが発見したと言われているもう一つの光の性質が、反射の法則です。反射の法則は、鏡に光が入射したときに、図1-2のように入射角と反射角が等しくなるというものです。

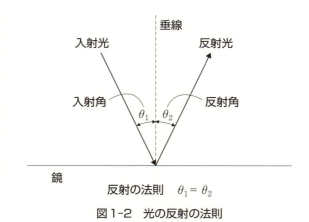

反射の法則　$\theta_1 = \theta_2$

図1-2　光の反射の法則

$$\theta_1 = \theta_2 \qquad (1\text{-}1)$$

この反射の法則も、太陽光線やレーザーポインターを使って容易に確かめられます。

■光の屈折の法則

　光が持つ3つ目の性質は、屈折の法則です。屈折の法則も、簡単に体験できます。たとえば、コップに水を入れてストローなどを立ててみると、水面を覗き込む角度によって、ストローが曲がって見えます。これが屈折の影響です。この屈折の現象もギリシア時代からその存在は知られていました。しかし、屈折がどのような法則を持つのかはわかりませんでした。

　ギリシア時代からかなり後の中世には、イスラム圏のエジプトでも屈折の現象が調べられました。調べた学者の名は、イブン・アル・ハイサムと言います。あえてアルファベットでつづると、Ibn al-Haithamとなり、al-Haithamを英語で読むと発音は「アルハーゼン」になります。欧米ではこの呼び名の方が有名です。アル・ハイサムは、965年にイラクのバスラに生まれ、後にエジプトのカイロに移りました。屈折以外に、反射も実験的に調べ、目の構造も調べました。アル・ハイサムは、『光学の書』を1015年に著しましたが、この本は13世紀ごろにラテン語に翻訳されてその後のヨーロッパでの光学の研究に大きな影響を与えました。

　屈折の法則を明らかにしたのは、オランダのライデン大学の教授のスネル（1580〜1626）でした。スネルが発見した屈折の法則というのは、図1-3のように水面の垂線に対して

第 1 章　光の性質

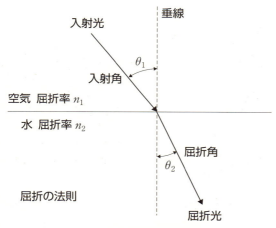

図 1-3　光の屈折の法則

入射角 θ_1 をなす光が水面に入射した際に、光は水面下では、

$$\frac{\sin\theta_1}{\sin\theta_2} = \frac{n_2}{n_1} \qquad (1\text{-}2)$$

の数式で表される角度 θ_2（これを屈折角と呼びます）で屈折するというものです。ここで、変数 n_1 と n_2 には**屈折率**という名前がついています。この（1-2）式を**スネルの法則**と呼びます。スネルは 1621 年にこの法則を導きましたが、学界で広く知られることはありませんでした。スネルの法則は、後にオランダのホイヘンス（1629〜1695）によって再発見され、1690 年に発刊されたホイヘンスの著書『Traité de la lumière（光についての論考）』によって広く知られるようになりました。

　ホイヘンスは近代光学の建設者の一人で、1629 年にオラ

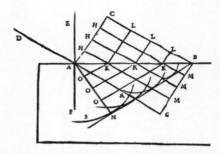

ホイヘンスの著書『Traité de la lumière』（左）と同書のスネルの法則の説明図

ンダのハーグに生まれました。この年、ガリレオは65歳で存命で、ニュートンが生まれたのはその13年後です。ホイヘンスは祖父と父が大臣を務めたという名家の出身で、1655年にライデン大学を卒業しました。1655年から56年にかけては、自作の望遠鏡で土星を観測し、衛星タイタンを発見し、さらにガリレオが確認できなかった「土星の環」やオリオン大星雲を発見しました。1690年には『光についての論考』を出版し、光の波動説を提唱しました。波動説とは、「光の本質は波である」という学説です。望遠鏡や顕微鏡用のホイヘンス式の接眼レンズも発明しています。

■空気と水の界面での屈折

屈折はスネルの法則の（1-2）式の右辺にあるように屈折率の比

ホイヘンス

18

第1章 光の性質

で決まります。したがって、何かの屈折率を基準に決めれ
ば、あとは、入射角と屈折角を測れば特定の媒質（空気や
水、ガラスなど）の屈折率が求められます。そこで、基準に
なる屈折率としては、真空の屈折率をとり、その値を1と定
義しました。屈折率は光の波長や媒質の温度によっても変化
します。空気の屈折率は、波長600 nm（ナノメートル）（＝ 10^{-9} m）の光
に対して、気温15℃で1.000277です。小数点以下第3位ま
ではゼロが続くので、特に高い精度を求める場合を除けば、
空気の屈折率は真空の屈折率と同じ1とみなせます。水の屈
折率は常温では、1.3ぐらいです。たとえば、波長589.3nm
（真空中での波長）の光が温度20℃の純水（不純物の全くな
い水）中を伝搬するときの屈折率は1.333です。空気中から
屈折率1.333の純水に光が入射する場合の入射角と屈折角の
関係をスネルの法則の（1-2）式を使って求めると、次のよ
うになります。ただし、（1-2）式の角度の単位がラジアン
（付録参照）であることに注意しましょう。ラジアン
（radian）と度（degree）の関係は次式で表されます。

$$ラジアン ＝ \frac{\pi}{180} \times 度$$

入射角（度）	屈折角（度）
5	3.8
10	7.5
20	14.9
30	22.0
40	28.8
50	35.1

60	40.5
70	44.8
80	47.6
90	48.6

　図1-4に、この入射角と屈折角の関係をグラフにしました。このように入射角を増やしていくと、屈折角も大きくなっていきます。しかし、入射角が90度を超えることはありませんから、空気から水への入射の場合の屈折角は最大で48.6度であり、49度以上の屈折角を持つ光は存在しないことになります。

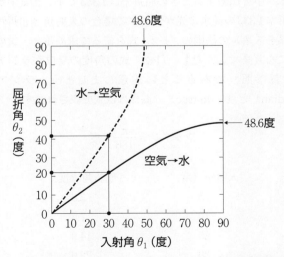

図1-4　空気（$n = 1$）から水（$n = 1.333$）への入射の場合（実線）と水から空気への入射の場合（点線）の入射角と屈折角の関係

第1章　光の性質

　では、次に水中から空気に入射する光はどうなるのか考え
てみましょう。スネルの法則はまったく同じ形で成立するの
で、先ほどの表の入射角と屈折角を入れ替えれば屈折の関係
が得られます。図1-4の点線は「水中から空気中への屈折」
の関係を示しています。ここで気をつけておくべきことは、
「空気→水」の場合と「水→空気」の場合では、同一の入射
角に対して屈折角の大きさがかなり異なることです。たとえ
ば、入射角が30度の場合の屈折角は

　　　　　「空気→水」の場合は　　22度
　　　　　「水→空気」の場合は　　41.8度

となります。このように1.9倍（＝約2倍）も異なります。
ガラスの屈折率は水より少し大きいので（1.5程度）、空気と
ガラスでの屈折では、この差はさらに大きくなります。
　なお、スネルの法則の計算例のエクセルファイルを、ブル
ーバックスの公式サイトに載せたのでご関心のある方はダウ
ンロードして下さい（付録参照）。

■全反射

　水中から空気に入射する場合に、水中の入射角が48.6度の
場合はどうなるのでしょうか。この場合は、屈折角は90度
となり、屈折した光は水面に沿って走ることになります。で
は、さらに水中の入射角が大きくなって50度や80度の場合
はどうなるでしょうか。この場合は、スネルの法則を満たす
屈折角は存在しなくなります。とすると、水中から水面に入
射した光の経路はそのあとどうなるのでしょうか。実は、光
はもはや空気中には進入せず、水と空気の境界面で反射する

ことになります。しかも、その反射率は100％になります。反射率が100％なので、この現象を**全反射**と呼びます。全反射はこのように屈折率の高い媒質から屈折率の低い媒質に光が入射する際に起こります。この水から空気への入射の場合には、48.6度を超えると全反射が起こりますが、この角度を**臨界角**と呼びます。

　水ではなく屈折率1.5のガラスと空気の境界面を考えると、さらにおもしろい現象が起きます。というのは、この屈折率1.5のガラスから空気への光の屈折の際の臨界角をスネルの法則を使って計算すると41.8度になります。したがって、ガラス中から空気への入射角が45度の場合には、臨界角を超えるので全反射が起こります。とすると、図1-5のようなガラスのプリズムに光を入射させると、図の下方の空気中からプリズムに進入した光は、入射角45度の2回の全反射によって、折り返されることになります。光を反射させるものとして、私たちにとって身近なものは、毎日、自分の顔

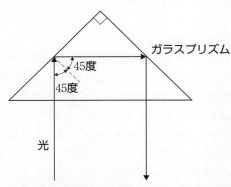

図1-5　全反射を2回使って光路を折り返すガラスプリズム

第1章　光の性質

を見るときに使う鏡です。この鏡はガラスにアルミニウムや銀をメッキや蒸着で付着させて作ったものですが、反射率は意外に低くて80％から90％ほどしかありません。したがって、鏡を2枚使って光を折り曲げると、光の強度は、6割（≈ 0.8 × 0.8）から8割（≈ 0.9 × 0.9）程度に低下してしまいます。ところが、図1-5のようにガラスプリズムの中の全反射を使って光を折り曲げると、光の損失はずっと小さくなります。この種のガラスプリズムは双眼鏡の中などで使われています。

■光線逆進の原理

　光が持つ4番目の性質は、光線逆進の原理です。光が進む経路を**光路**と呼びます。光線がある光路に沿って進むとすると、その光路の逆方向に光を入射させると同じ光路を逆に通って光線は進みます。これを**光線逆進の原理**と呼びます。これも経験的に理解しやすい原理だと思います。先ほどの反射と屈折の場合には、光線逆進の原理が成り立ちます。

■光の波の性質

　ここまでに見た光の4つの性質を使って幾何学的に光線の進路を求める光学を**幾何光学**と呼びます。幾何光学は光学の歴史の最初から登場し、今日でも多数のレンズを含むカメラの光学系の設計などで中心的な役割を果たしています。

　しかし、光はこれらの性質に加えて、さらに異なる「ある性質」を持っています。そのある性質というのは波の性質です。波であることによって**干渉**や**回折**と呼ばれる物理現象が生じます。干渉は、複数の波が重なり合ったときに、波が強

23

め合ったり、打ち消し合ったりする現象です。回折というの
は、波の進行途中に障害物があったときに、障害物の背後に
波が回り込む現象を表します。光を光線として扱うとこれら
の現象を表現できません。そこで波の性質を反映した光学が
発展しましたが、これを**波動光学**と呼びます。なお、波動光
学での回折の意味は「障害物の背後に波が回り込む現象」と
言うよりは、本章の後半で見るように平たく言うと「球面波
の重ね合わせを考えること」と思っていただくとよいと思い
ます。

　図1-6は光の波を模式的に表していますが、光の波の1周
期の長さを**波長**と呼びます。人間の目に見える光を**可視光**と
呼び、可視光より波長が短い光を**紫外光**、可視光より波長が
長い光を**赤外光**と呼びます。可視光の光を波長の短い方から
長い方へ並べ、さらに紫外光と赤外光を加えると、光は波長
によって次のように分類できます。

紫外光	約400nm（＝0.40μm）	より短波長
紫	～420nm（＝0.42μm）	
青	～450nm（＝0.45μm）	
緑	～530nm（＝0.53μm）	
黄	～590nm（＝0.59μm）	
赤	～750nm（＝0.75μm）	
赤外光	約750nm（＝0.75μm）	より長波長

　このように紫外光と赤外光は、それぞれ紫と赤の外側に位
置します。nmはナノメートルと読み、ナノは10^{-9}を意味す
るので1nmは10億分の1メートルです。1μm（マイクロメー
トル＝ミクロン）は10^{-6}メートルで100万分の1メートル

第1章　光の性質

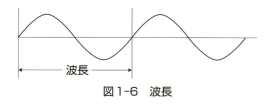

図1-6　波長

です。
　ガラスや石英などの屈折率は波長によって異なっていて、これを屈折率の**波長分散**と呼びます。屈折率が異なると、スネルの法則により、屈折角が異なります（垂直入射の場合を除く）。したがって、空気中からガラスに入射した光の屈折角は波長によって異なります。ガラスプリズムでこの性質を利用すると図1-7のように太陽光が色ごとに分かれて散らばるので**分光**（光を波長で分けること）できます。この色鮮やかなプリズムの実験は、1672年にイギリスのニュートン（1643〜1727）が行いました。太陽光は無色（白色）ですが、様々な色の光を含んでいることがこの実験で明らかになりました。

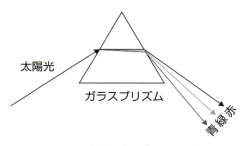

図1-7　ガラスプリズムによる分光

ニュートン

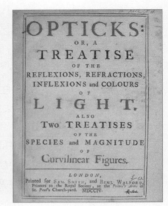
『光学』

　ニュートンは『Opticks（光学）』を1704年に発刊し、その後の光学研究に大きな影響を及ぼしました。この本はまた、当時のヨーロッパの文化上の共通語のラテン語ではなく、英語で書かれていることに大きな特徴があります。現在ではweb上のいくつかのサイト（たとえば、Google Booksなど）で原書を読めますが、アルファベットのsが縦長の活字でfのように見えることのみに注意すれば、英語自身は平易なので容易に読み進めることができます。

　プリズムを使って簡単に観測できる分散は、後に見るように、レンズではやっかいな方向に働きます。というのは、レンズ表面に（垂直入射ではなく）斜めに入射した光はスネルの法則によって分光されるので、先ほどのガラスプリズムと同様に、屈折角が波長によって異なり、集光の位置も波長によって異なることになります。したがって、レンズを使って

結像させると像の位置が色によって微妙に異なり、像の色がにじむことになります。

このレンズでの分散の影響を見るためには特定の波長でのガラスの屈折率を知る必要がありますが、この波長分散は**セルマイヤーの分散式**と呼ばれる次の近似式で表せます。

$$n^2 = 1 + \frac{A_1\lambda^2}{\lambda^2 - B_1} + \frac{A_2\lambda^2}{\lambda^2 - B_2} + \frac{A_3\lambda^2}{\lambda^2 - B_3}$$

ここで、係数 A_1, A_2, A_3, B_1, B_2, B_3 は、ガラスの種類によって異なります。たとえば、光学機器のレンズにはドイツのSCHOTT社のN-BK7と呼ばれる光学ガラスがよく使われています。SCHOTT社の光学ガラスのデータシートの値を使ってセルマイヤーの式で求めた屈折率のカーブが図1-8です。N-BK7に限らず可視光の波長では、ガラスの屈

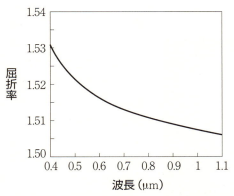

図1-8 セルマイヤーの公式によるN-BK7の分散
（SCHOTT社の光学ガラスのデータシートによる）

折率は短波長ほど大きくなり、長波長ほど小さくなります。図1-8では、紫から緑にかけての波長である0.4μmから0.5μmでの屈折率の変化が、オレンジ色から赤の波長である0.6μmから0.7μmでの変化より大きいこともわかります。

屈折率が波長によって異なるのは、光と媒質（物質）との相互作用の大きさが波長によって異なるからです。真空の屈折率を1と定義しましたが、真空中には物質は存在しないので、波長にかかわらず真空の屈折率は1のままです。

■光の粒子説と波動説

光学の発展過程において、学問的には光の本質が波であるのか、あるいは粒子であるのかの長い論争がありました。17世紀には、ホイヘンスが「光の本質は波である」という**波動説**を唱えたのに対して、ニュートンは「光は粒でできている」という**粒子説**を唱えました。光が波であるとすると、その媒体が必要になります。そこで、光の媒体としては目には見えないエーテルという媒体が存在すると信じられるようになりました。一方、光の粒子説というのは、光は小さな粒子でできていて、その粒々が空中を飛んでいくと考えます。この論争は長く続きましたが、1807年にイギリスのヤング（1773〜1829）が「光によって干渉が起こること」を二重スリットの実験で示したことによって波動説が有力になりました。干渉とは複数の波の重なりによって、部分的に波が大

ヤング

第1章　光の性質

きくなったり小さくなったりする現象で、スリットとは細い隙間のことです。

　ヤングは図1-9のように左側から平面波（波面が平面的になっている波）を二重スリットに入射させると、2つのスリットのそれぞれから球面波（ある点から出た波が球状に広がる波）が発生して右側に広がり、この2つの球面波によって光の干渉が起こることを実験的に示しました。平面波がスリットに当たると、スリットから球面波が発生することは水面

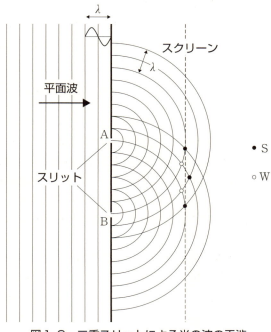

図1-9　二重スリットによる光の波の干渉

の波を使った実験でも確かめることができます。図1-9では
スリットAとスリットBから球面波が右側に広がっていき
ますが、この2つの波から離れたところにスクリーンをおく
と、波の強いところと弱いところが現れます。波の強い点S
では、2つの波の源であるスリットAとBからSまでの距離
の差が次式のように波長λの整数倍になっています。

$$\overline{SA} - \overline{SB} = \pm n\lambda \qquad (n は整数)$$

このためスリットAから届く波が点Sで山になっているとき
には、スリットBから届く波も点Sで山になっていて、2つ
の波は強め合います。一方、波の弱い点Wでは、2つの波の
源であるスリットAとBからSまでの距離の差が次式のよう
に半波長の奇数倍になっています。

$$\overline{WA} - \overline{WB} = \pm (2n+1) \frac{\lambda}{2} \qquad (n は整数)$$

このためスリットAから届く波が点Sで山になっているとき
には、スリットBから届く波は点Sで谷になり、2つの波は
打ち消し合って弱くなります。これが干渉現象です。したが
って、図1-9の点線の位置にスクリーンをおくと波の強弱が
縞模様として観測できます。ヤングのこの干渉縞実験によっ
て、光が波としての性質を持つことはほぼ確実になりまし
た。

　ヤングが干渉実験を行った翌年の1808年にはフランスで
も新しい発見がありました。ナポレオン治世下のパリでマリ
ュス（1775〜1812）は、アパートから外の景色を方解石を
通して眺めていました。マリュスはフーリエらとともにナポ
レオンのエジプト遠征（1798〜1801）に同行したという面

第1章 光の性質

白い経歴を持っています。方解石には**複屈折**と呼ばれる光学現象があり、景色が二重になって見えます。リュクサンブール宮殿の窓ガラスで反射した夕日の光を方解石を通して見ていたとき、方解石を回転させると反射光の強さが変わることに気づきました。反射光の強さが変わる原因は次節で見る**偏光**でした。

マリュス

さらに19世紀後半にイギリスのマクスウェル（1831～1879）が

電磁波が電界と磁界がからみあって生じる波であること

を方程式を使って表し、光は**電磁波**の一種であると主張しました。そしてドイツのヘルツ（1857～1894）が実際に電磁波の存在を実験的に示したことによって、「光は電磁波の一種である」と認識されるようになりました。

「光は波か粒子か？」の論争については、電磁気学の登場によって波動説がほとんど優勢になったのですが、1905年にアインシュタイン（1879～1955）が光の粒子仮説を唱えて、光電効果と呼ばれる物理現象の説明に成功しました。これによって、光の粒子説も

マクスウェル

ヘルツ　　　　　　アインシュタイン

信じられるようになりました。一方、光の「波としての性質」の理解においても、光を伝える物質的な媒体（エーテル）は存在せず、真空の空間そのものが光（電磁波）を伝える媒体であると考えられるようになりました。今日では「光は波と粒子の両方の性質を持っている」という認識が得られています。

■電磁波と偏光

　マクスウェルが導き、ヘルツが実験でその存在を立証した電磁波は、**電界（電場）**と**磁界（磁場）**の波が互いに互いを生み出しながら伝搬していく波です。普段、私たちが「電波」と呼んでいるものの正式な名称が電磁波です。電界とは電気的な力が働く空間のことで、たとえば、プラスチックの下敷きをセーターでこすって髪の毛に近づけると、プラスとマイナスに帯電した静電気によって、両者は引き合いますが、この両者のまわりには電界が存在しています。また、同様に磁界とは磁気的な力が働く空間のことで、たとえば、磁

石のN極とS極の間には引力が働きますが、この両者のまわりには磁界が存在しています。

図1-10はこの電磁波を模式的に表しています。上図の電磁波はz方向に進む平面波で、電界の波はy方向に振動し、磁界の波はx方向に振動しています。このように「進行方向と振動の方向が直交している波」を**横波**と呼びます。図1-10の上図は、y軸と電界の波が平行ですが、下図はy軸と磁界の波が平行です。このように電界がy軸と平行か直交しているかによってこの2つの光（＝電磁波）を区別できます。そこで本書では、図1-10の上図のように電界の振動方向がy軸と平行な光を**縦偏光**と呼び、下図のように電界の振動方向がx軸と平行な光を**横偏光**と呼ぶことにします。

縦偏光と横偏光の差が顕著に表れる例の一つは、空気中から水面やガラス面に入射した光の反射です。屈折率1.333の水面での反射率を縦偏光と横偏光の場合にグラフにプロットしたのが、図1-11です。このグラフの計算には（大学レベ

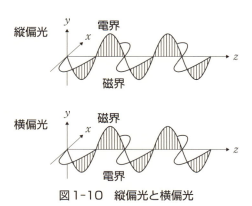

図1-10　縦偏光と横偏光

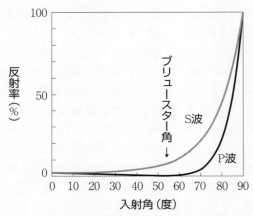

図1-11 縦偏光と横偏光の水面での反射率

ルの）電磁気学の知識を必要とするので本書では式の導出は割愛します。図1-12のように水面に垂直で、かつ入射光線と反射光線を含む面を**入射面**と呼びます（紙面と同じ）が、入射面と電界の振動方向が平行な光波（縦偏光）をP波と呼び、入射面と電界の振動方向が直交する光波（横偏光）をS波と呼びます。SとPはドイツ語の垂直（senkrecht）と平行（parallel）にちなんでいます。ここでおもしろいのは、図1-11のようにP波の反射率の方がS波より小さいという特徴があることです。とくに入射角が53.1度のときにはP波の反射率がゼロになりますが、この角度を**ブリュースター角**と呼びます。ブリュースター角 θ_B（単位はラジアン）と媒質1と2の屈折率 n_1 と n_2 との関係は

第1章 光の性質

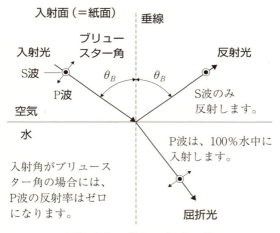

図1-12 ブリュースター角

$$\tan \theta_B = \frac{n_2}{n_1}$$

で表されます。水面ではなく屈折率1.5のガラスでの反射であればブリュースター角は、56.3度になります。カメラで写真を撮るときに、水面やガラス面の反射が強い場合には、偏光フィルターを使ってS波の光のみをカットすれば、ギラギラした反射光を落とせます。

前節で見たように偏光はマリュスが発見しました。方解石は、S波とP波を分離する光学効果を持っているので、窓ガラスの反射にも図1-11と同様にS波とP波の反射率の差があることに気づいたのです。

さて、第1章では、光の最も基本的な性質を理解しまし

た。読者のみなさんがこれまでに持っていた光についての知識と何か違いはあったでしょうか。ここまでの知識の中には、すでに体験していて身近であったものや、逆に意外に知らなかった内容もあったことでしょう。これで光の基本的な性質はしっかりマスターしたことになります。次章では、いよいよレンズに取り組みます。

第2章

凸レンズと実像の関係

■レンズ

　光学で最も重要な部品はレンズです。レンズの語源は、レンズマメと呼ばれる豆です。レンズマメは西アジアが原産で小麦などとともに古くから栽培されてきました。旧約聖書にも登場します。中心部が膨らんでいるレンズマメの形と似ていることから、「ガラスのレンズ」がレンズと呼ばれるようになりました。

　レンズの歴史は古く、中近東では紀元前から太陽光を集光して火をおこすために使われていました。太陽光から火をおこすというと、オリンピックでの採火式を連想しますが、こちらはレンズではなく反射鏡を使っているようです。現在の私たちの身近にあるレンズは、虫メガネや老眼鏡に使われている凸レンズや、近視用のメガネに使われている凹レンズでしょう。また、デジタルカメラや携帯電話のカメラにもレンズが使われています。ここでは、凸レンズの性質について見ていきましょう。

　凸レンズに、集光の機能があることは、虫メガネを使って

レンズマメ（ヒラマメ）

第2章　凸レンズと実像の関係

太陽光線を集光した経験のある方なら御存知でしょう。太陽は地球から遠く離れているので、地球に届く光はほぼ平行光線になっています。写真のように虫眼鏡が太陽光線を一点に集光するということは、凸レンズは、平行光線を一点に集光する機能を持っていることを意味します。これを図示したのが図2-1です。凸レンズに垂直に太陽光線を入射させると、光が一点に集まりますが、この点を**焦点**と呼びます。「焦げる点」という名の通りに、太陽光を集めて焦点の位置に黒い紙をおくと、紙が燃え始めるという体験をした方も多いことでしょう。また、太陽光を集光した光は決して目に入れてはいけないと教わったことでしょう。焦点の位置を記号Fで表し、レンズの中心を記号Oで表すと、この間の距離$\overline{OF}$を焦点距離と呼びます。

図2-1では凸レンズの左側から平行光線が入射した場合を図示していますが、レンズの右側から平行光線を入射した場

虫眼鏡による太陽光の集光

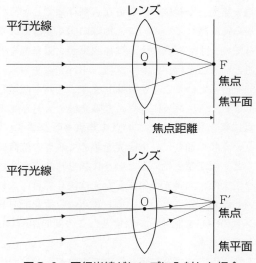

図2-1　平行光線がレンズに入射した場合

合もレンズの左側に焦点ができます。この焦点距離がさきほどの焦点距離と同じであることは、太陽光を集光させている虫メガネを180度回しても焦点距離が変わらないことから経験的にもわかると思います。

　平行光線がレンズに垂直に入射するのではなく、図2-1の下図のように斜めに入射した場合には、焦点は垂直入射の場合の位置からずれます。しかし、理想的なレンズでは、この場合の焦点F′は垂直入射の場合の焦点Fを含む同一の平面上にあると考えて、この光軸に垂直な平面を**焦平面**と名付けます。

第2章　凸レンズと実像の関係

■ピンホールによる像

　次にレンズを使って像を作る場合について考えていくことにしましょう。「レンズを使って像を作る」というと、やはり身近な器械はカメラでしょう。前章でカメラ・オブスキュラが登場しましたが、カメラという単語はたんに「部屋」を表すラテン語でした。カメラ・オブスキュラは、ピンホールを通過した外界からの光が室内の壁に上下左右反転した像を映す構造でした。像は鮮明なのですが、ピンホールの面積が小さいため、光量が少なく像が暗いという欠点がありました。そこで、ピンホールのかわりに、凸レンズを使うという改良が加えられました。凸レンズもピンホールと同様に上下反転の像を映すという機能を持っています。しかも、光が通過する面積は、ピンホールよりもレンズの方がずっと大きいので、像も明るくなりました。このカメラ・オブスキュラのスクリーンの位置に感光板を置き、持ち運べる大きさの部屋に縮小したものがカメラです。「カメラ・オブスキュラ」という言葉から「カメラ」という単語だけが現代に残りました。

■凸レンズによる結像

　ピンホールを凸レンズに置き換えたカメラ・オブスキュラを念頭に置いて、どのように像を結ぶかを考えてみましょう。図2-2は、レンズとスクリーンを簡略化したカメラ・オブスキュラを表していて、レンズの左側に物体（ここでは小さな人形）があります。レンズから左の物体側の空間を**物界**または**物空間**と呼びます。また、レンズから右の像側の空間を**像界**または**像空間**と呼びます。レンズの中心を通って、レ

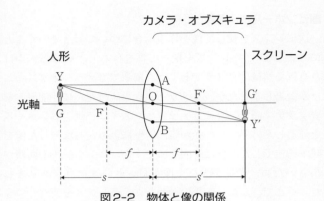

図2-2 物体と像の関係

ンズに垂直に引いた線は光軸と呼びます。

記号Fが物界の焦点を表し、記号F′が像界の焦点を表します。図の左側から、仮に光軸に平行な光線YAが入射すると図2-2のように点Aで屈折して焦点F′に集光します。物界の焦点Fには多種類の名前があり、物焦点、物空間焦点、第一焦点または前側焦点と呼びます。同様に像界の焦点の名前も多数あり、像焦点、像空間焦点、第二焦点または後側焦点と呼びます。この場合、前述の虫メガネのレンズを180度回転させた場合の例のように焦点距離$\overline{FO}$は焦点距離$\overline{OF'}$と同じです。図2-2では、物体(人形)とスクリーンはともにレンズからは焦点距離fよりも遠い位置にあります。

ここでは照明から出た光は人形の表面で乱反射し、その乱反射した光の一部がレンズを透過してスクリーンに届くことになります。図2-2では、人形の頭頂部で乱反射した光のうちの3つの方向の光の進路を描いていますが、このうちの2つの光の進路を考えるだけでスクリーンのどこに像を結ぶか

第2章　凸レンズと実像の関係

がわかります。それを今からやってみましょう。なお、「像を結ぶ」というのは、「物体のある一点（**物点**と呼びます）を発した光のうち、レンズを通過したものはすべてスクリーン上のある一点（**像点**と呼びます）に集光すること」を意味します。たとえば、人形の顔の一点から出た光は、スクリーン上の人形の映像の顔の一点に集光し、人形の手の一点から出た光は、スクリーン上の人形の映像の手の一点に集光します。もしそうではなく、物体上の異なる2点を出た光が、スクリーン上の1つの点に集まる場合があるならば、その像はもはや元の物体の映像とは異なる像になります。物点と像点の関係を逆にしても（人形とスクリーンの位置を逆にしても）、物点と像点の関係は成立しますが、このような物点と像点の関係を**共役**と呼びます。図2-2の「物体とレンズとの距離s」を**物体距離**または**被写体距離**（カメラ等の場合）と呼び、「レンズとスクリーンの距離s'」を**像距離**または**映像距離**と呼びます。図2-2は、この2つの距離がともに焦点距離fの2倍である場合です（$s = s' = 2f$）。

　さて、人形の頭頂部の点Yで乱反射した光のうち、最初に光軸と平行に進むものを考えます。この光軸に平行な光はレンズの点Aで屈折すると、レンズの右側の焦点F′に集光し、そのままF′を通過して直進します。次に、点Yで乱反射した光のうち、レンズの中心Oを透過する光を考えます。正確にはレンズを透過する際に光は2回屈折しますが、レンズの厚さを無視する近似では、レンズの中心を通る光は直線的にスクリーンに到達するとみなせます。したがって、点Yから点Oを通る直線を引きます。この直線が、先ほどの直線（点Aから焦点F′を通過する直線）と交差する点が

43

像を結ぶ点Y′になります。図2-2ではこの交点Y′上にスクリーンをおいています。

　像を結ぶ点を考えるための3つ目の光線については、光線逆進の原理を利用します。点Yを発した光がレンズによって結像する点がY′であるとすると、光線逆進の原理によって点Y′を出た光もレンズによって点Yに到達するはずです。そこで点Y′を出て光軸に平行に左に進む光を考えます。この光は点Bで屈折すると物焦点Fに集光し、かつ通過して点Yに到達するはずです。これが3つ目の光路です。よって、この3つ目の光路を作図するには、点Yから焦点Fを通る直線をレンズまで引き、レンズとの交点Bから右に光軸と平行に直線を引けばよいということになります。この光軸に平行な直線とさきほどの2つの光線は一点に交わりますが、それが像点Y′です。これで、人形の頭のてっぺんを出た光がスクリーン上のどの位置に結像するかが図示できました。

　同様に、頭頂から足までの各所から出た光について作図すると、いずれもスクリーン上に結像することがわかります。人形の光軸上の点Gから出た光がレンズによって結像する点G′もスクリーン上にあるということになります。なお、結像の位置を求めるには、図2-2のように通常は頭頂部の点の作図だけで間に合わせます。

■物体と像の関係

　物体と像の関係は、物体とレンズがどれだけ離れているかによって変わります。距離を変えていくつか作図すると、像の大きさとの関係がだんだん見えてきます。たとえば、先ほ

第2章 凸レンズと実像の関係

どの図2-2は、物体距離と像距離がともに焦点距離の2倍レンズから離れている場合でした。このとき、物体と像の大きさが同じになること（長さ$\overline{YG}$＝長さ$\overline{Y'G'}$）が図2-2からわかります。

では、物体と像の大きさが異なる場合を作図するとどうなるでしょうか。その例を図2-3に示しました。ここでは、物体距離$\overline{GO}$をs（>0）とし、像距離$\overline{OG'}$をs'（>0）と書くことにします。また、焦点距離$\overline{FO}$（＝$\overline{OF'}$）をf（>0）とし、距離$\overline{GF}$をx（>0）、$\overline{F'G'}$をx'（>0）とします。図2-3の上図のように、物体距離sが$2f$より離れた場合を作図すると、像は物体より縮小されることがわかります。また、距

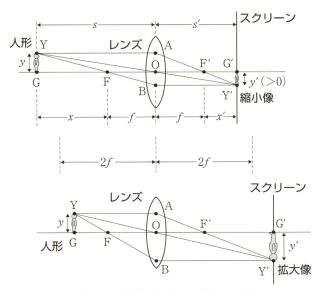

図2-3 縮小像（上）と拡大像（下）

離sが$2f$より小さくfより大きいときには、図2-3の下図のように像が拡大されることも作図によってわかります。さらに距離sがfより小さくなると、スクリーンに像を結ばなくなるのですが、それは次章で考察します。

拡大と縮小を表す指標の1つとして物体と像の大きさの比率mを定めて、これを**横倍率**と呼びます。図2-3の人形と像の大きさをy（>0）とy'（>0）とおき、横倍率を

$$m \equiv -\frac{y'}{y}$$

で定義します。図2-3のように像が倒立している場合には、この式の横倍率が負になることに注意しましょう。この横倍率を求めてみましょう。図2-3を見ると以下のそれぞれの三角形の間に相似の関係（∽は相似を表す記号）があることがわかります。

$$\triangle \text{YGO} \infty \triangle \text{Y'G'O}$$
$$\triangle \text{AOF'} \infty \triangle \text{Y'G'F'}$$
$$\triangle \text{YGF} \infty \triangle \text{BOF}$$

また、距離$y = \overline{\text{OA}}$であり距離$\overline{\text{OB}} = y'$なので、横倍率$m$はこれらの相似関係を使って

$$m \equiv -\frac{y'}{y} = -\frac{x'}{f} = -\frac{f}{x} = -\frac{s'}{s} \qquad (2\text{-}1)$$

となります。たとえば、三角形の相似関係の$\triangle \text{YGO} \infty$ $\triangle \text{Y'G'O}$から導かれたのが（2-1）式の$m = -\dfrac{s'}{s}$の関係です。

第2章　凸レンズと実像の関係

　次に、レンズの公式を導きましょう。(2-1) 式の真ん中の等号の

$$-\frac{x'}{f} = -\frac{f}{x}$$

の関係を取り出すと

$$xx' = f^2 \qquad\qquad (2\text{-}2)$$

という関係が得られます。三角形の相似関係から簡単に得られた式ですが、これを**ニュートンのレンズ公式**と呼びます。ニュートンが導いた「レンズを扱う際の最も重要な式」の一つです。

　さらに、もう一種のレンズの公式を導きましょう。(2-1) 式の

$$-\frac{x'}{f} = -\frac{s'}{s}$$

の関係に $s' = x' + f$ の関係（図2-3を参照）を使って x' を消去すると

$$-\frac{s' - f}{f} = -\frac{s'}{s}$$

となり、両辺を s' で割ると

47

$$-\frac{1}{f} + \frac{1}{s'} = -\frac{1}{s}$$

$$\therefore \frac{1}{s} + \frac{1}{s'} = \frac{1}{f} \qquad (2\text{-}3)$$

が得られます。これは、物体距離sと像距離s'、それに焦点距離fを関係付ける式で**ガウスのレンズ公式**と呼びます。このガウスのレンズ公式も「レンズを扱う際の基本となる重要な公式」です。

　本章では、レンズの厚さを無視して、レンズの屈折の性質を考えていますが、これを**薄肉レンズの近似**と呼びます。ガウスのレンズ公式は、別名で**薄肉レンズの結像式**とも呼ばれます。

■角倍率

　光軸に対して垂直の方向の物体と像の比率が横倍率でしたが、これに似ていて少し異なる倍率として**角倍率**があります。図2-4は、図2-3の下図と同じ位置に物体がある場合を示しています。このとき人形の像は拡大されてスクリーンに投影され、横倍率はすでに見たように$m = -\dfrac{s'}{s}$になります。

　図2-4では、物体の光軸上の点Gから出た光はレンズの点Aを通過して光軸上の点G′に結像します。ここでGを出た光が光軸となす角をθとし、G′に集光する光が光軸となす角をθ'とします。このとき、両者のタンジェントの比を以下のように角倍率γとして定義します。

第2章　凸レンズと実像の関係

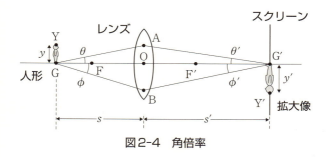

図2-4　角倍率

$$\gamma = \frac{\tan \theta'}{\tan \theta}$$

分子と分母のタンジェントを図2-4の三角形の辺の長さの比で表すと

$$\gamma = \frac{\dfrac{\overline{OA}}{\overline{OG'}}}{\dfrac{\overline{OA}}{\overline{GO}}} = \frac{\overline{GO}}{\overline{OG'}} = \frac{s}{s'}$$

と変形できます。よって、(2-1) 式の横倍率 m との間に次の関係が成り立ちます。

$$\gamma m = -1 \qquad (2\text{-}4)$$

なお、点Gを出た光は点Aを通過するもの以外に点Bを通過するものなどもあるので、こちらの角度 ϕ と ϕ' を使って角倍率を計算しても

$$\gamma = \frac{\tan \phi'}{\tan \phi} = \frac{\dfrac{\overline{OB}}{\overline{OG'}}}{\dfrac{\overline{OB}}{\overline{GO}}} = \frac{\overline{GO}}{\overline{OG'}} = \frac{s}{s'}$$

となります。すなわち、レンズ上のどの点を通過しても角倍率の値は同じになります。

（2-1）式と（2-4）式を使うと

$$\gamma = \frac{\tan \theta'}{\tan \theta} = -\frac{1}{m} = \frac{y}{y'}$$

$$\therefore \ y \tan \theta = y' \tan \theta' \tag{2-5}$$

となります。角度 θ や θ' の値が小さくて

$$\tan\theta \approx \theta \quad や \quad \tan\theta' \approx \theta'$$

と近似できる場合（付録参照）を**近軸光線の近似**と呼びます。θ や θ' が小さい光線は光軸に近い光路をとるので近軸近似と呼ぶのです。この近軸近似では、（2-5）式は

$$y\theta = y'\theta' \tag{2-6}$$

となりますが、これを薄肉レンズの**ヘルムホルツ–ラグランジュの不変式**と呼びます。これは $y\theta$ がレンズによる屈折の前後で変わらないことを意味します。

■縦倍率

　横倍率は光軸に垂直な方向の倍率でした。光軸に平行な方向の倍率も定義されていて、それを**縦倍率**と呼びます。図

第2章 凸レンズと実像の関係

2-5では、人形Aの位置から光軸方向にわずかにΔx異なる位置に同じ大きさの人形Bがある場合を考えます。それぞれの人形の像の位置を作図すると、像を結ぶ位置が互いにずれることがわかります。この像のずれを$\Delta x'$とします。人形の位置がΔxだけ異なるときに、像の位置が$\Delta x'$ずれるわけですが、この両者の比の$\dfrac{\Delta x'}{\Delta x}$を縦倍率$L$と定義します。この縦倍率をニュートンのレンズ公式で求めてみましょう。元の位置からずれた位置でもニュートンのレンズ公式は成り立つので、人形Bとその映像に対して（2-2）式を使うと

$$(x + \Delta x)(x' + \Delta x') = f^2$$
$$\therefore\ xx' + x\Delta x' + x'\Delta x + \Delta x\Delta x' = f^2$$

となります。左辺の第1項に人形Aについての（2-2）式を使い、また、第4項は微小な量なので（$\Delta x \ll x$であり$\Delta x' \ll x'$である量の掛け算なので）無視すると、

$$\therefore\ x\Delta x' + x'\Delta x = 0$$

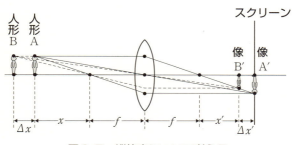

図2-5　縦倍率について考える

となり、これを整理すると縦倍率Lは

$$L \equiv \frac{\Delta x'}{\Delta x} = -\frac{x'}{x} \qquad (2\text{-}7)$$

となります。ニュートンのレンズ公式（2-2）式では、xが大きくなるとx'は小さくなり、xが小さくなるとx'は大きくなります。物体距離$x+f$が$2f$に近い場合は、$f \approx x \approx x'$になるので（2-7）式の縦倍率の絶対値はほぼ1になります。一方、物体距離が$2f$より大きくなると（xがfより大きくなると）、x'はfより小さくなって縦倍率の絶対値は1より小さくなり、逆に物体距離が$2f$より小さくなると（xがfより小さくなると）縦倍率の絶対値は1より大きくなります。

　なお、横倍率は（2-1）式で表されたので、縦倍率との関係は

$$L = \frac{\Delta x'}{\Delta x} = -\frac{x'}{x} = -\frac{x'}{f} \times \frac{f}{x} = -m^2$$

となります。すなわち、

$$|縦倍率| = 横倍率^2$$

の関係があります。

　さて本章では、1枚の凸レンズとその実像の関係を理解しました。ニュートンとガウスのレンズ公式を理解したことは大きな収穫です。また、横倍率、角倍率、縦倍率も理解しました。次章では、このレンズの公式をカメラに当てはめてみましょう。

第2章　凸レンズと実像の関係

一眼レフカメラの構造

　次章ではカメラが登場します。現在のカメラで主流の一眼レフカメラの構造を見ておきましょう。英語では、Single-lens reflex cameraと呼びますが、reflexは反射を表します。日本語だと「一眼レフレックスカメラ」になります。つまり、レフはレフレックスの略です。

　図2-6は一眼レフのカメラの模式図です。反射鏡は図のように可動式で、撮像素子の前についています。ファインダーをのぞくときには、反射鏡は下に降りているので、撮影者は被写体を光学的に見られます。撮影時には反射鏡は跳ね上がり、像を撮像素子に結びます。撮像素子に映る像とほぼ同じ像をファインダーで光学的に見られるのが大きな特徴です。なお、反射鏡からファインダーまでの光路上にもレンズ系（複数のレンズの集まり）がありますがこの模式図では省略しています。シャッターを押すと反射鏡は機械的に跳ね上がるので、わずかな振動が生じます。この振動で手振れを起こさないように、脇を締めてしっかりと両手でカメラをホールドしてシャッターを押す

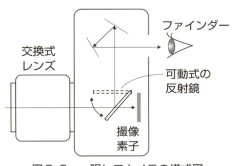

図2-6　一眼レフカメラの模式図

のが撮影術の基本です。

　一眼の意味は、レンズ系が１つであることで、かつてはファインダーのレンズ系が独立してもう１つある二眼のカメラも普及していました。一眼レフカメラのもう１つの特徴は、レンズが交換式であることで、焦点距離の異なる様々なレンズが使用できます。

　２０１６年現在では「ミラーレス一眼カメラ」も普及していますが、これは反射鏡がない（つまり、ミラーレスの）カメラです。この場合は撮像素子に映った映像をカメラの液晶画面に映します。ファインダーのあるミラーレス一眼カメラもありますが、その場合でもファインダーの中の液晶に画像が電気的に映っています。通常はレンズは交換式になっています。ほかに、レンズを交換式にしないで単焦点のレンズを使い、撮像素子との相性がよくなるよう特別にレンズ系やソフトウェア等のチューニングを施し、一眼レフカメラをしのぐ高い解像度を実現した高級カメラもあります。

　通常のコンパクトデジタルカメラは、ミラーレスのカメラで、レンズが交換式ではありません。レンズが交換できないことから焦点距離を変えられるズームレンズを使用しています。

第3章

カメラと目

■初期のカメラと写真

　前章でレンズの公式を理解しましたが、この公式を使って
カメラの理解に挑戦しましょう。微小なデジタルカメラは携
帯電話に組み込まれているので、多くの人が日常的にカメラ
を使用しています。カメラはとても身近な存在なのですが、
これらのカメラのレンズ系が実際のところは驚くほど複雑な
ことはあまり知られていません。ここでは単純化したレンズ
1枚のカメラを考えることにしましょう。第1章で、カメ
ラ・オブスキュラを見ましたが、人が入ることができる大き
な暗室を1辺10センチほどの小さな暗箱に置き換えて、図
1-1のスクリーンの位置に感光板を置き、左のピンホールを
レンズで置き換えたのが、最も単純な初期のカメラです。ピ
ンホールを抜ける光は文字通り「針の孔」の微小な面積を抜
けるわけですから、光の量は少なく像は暗くなります。一
方、レンズを使う場合にはレンズの直径を大きくするほど、
レンズを抜ける光の量は多くなり、像は明るくなります。感
光板を感光させるには光の量が多い方が露光時間（光をあて
る時間）が短く済むので、撮影上のメリットは大きいので
す。

　世界で最初の写真は、1827年にフランスのニエプス
（1765～1833）が撮ったものです。アスファルトに長時間光
をあてると硬化するという性質を使って、硬化していないア
スファルトを洗い流すことによって像を残しました。1枚の
風景写真の撮影に約10時間も要しました。ニエプスはダゲー
ル（1787～1851）とともに感光材の研究に取り組みまし
た。ニエプスの没後の1839年にダゲールは銀の化合物を感
光材に用いる銀板写真を発明しました。露光時間はニエプス

第3章 カメラと目

の初期の方式より劇的に短くなりましたが、それでも10分以上を要しました。このタイプの写真はダゲール自身が彼の名をとってダゲレオタイプと名付けました。日本人が撮影した最も古い写真は、1857年9月17日に島津斉彬を撮った銀板写真です。感光板はやがて液体絆創膏としても使われているコロジオンという液体を塗布した湿式のものに改良されて露光時間も10秒程度に短くなりました。幕末の坂本龍馬や土方歳三の写真はこちらのタイプです。

■映像距離

前章で学んだレンズの公式を使って、焦点距離、被写体距離、それに映像距離の関係を見てみましょう。一眼レフカメラの代表的な焦点距離は、50mmか35mmです。焦点距離50mmのレンズで被写体距離sと映像距離s'がどのように変化するのか、ガウスのレンズ公式の（2-3）式に数値を入れてみましょう。レンズの公式を変形すると以下の関係が得られますが、

$$\frac{1}{s'} = \frac{1}{f} - \frac{1}{s} \qquad \therefore s' = \frac{1}{\left(\dfrac{1}{f} - \dfrac{1}{s}\right)}$$

この式に数値を入れると以下のようになります（f＝50mm）。

被写体距離s	映像距離s'
∞	50mm
10m	50.25mm

5m	50.51mm
2.5m	51.02mm
1m	52.63mm
0.5m	55.56mm

　被写体距離sが無限遠から近づくにつれて、映像距離s'も50mmより長くなっていきます。映像距離s'の変化量は、被写体距離sが2.5mのときにやっと1.02mm（= 51.02mm － 50.00mm）です。しかし、さらに近づくと変化量は大きくなり、sが1mのときのs'の変化量は2.63mmになります。そしてさらにsが0.5m（= 50cm）まで近づくと、s'の変化量は5.55mmになります。このように被写体との距離が近づくほどレンズを大きく動かさなくてはなりません。しかし、機械的にレンズを動かせる距離には限度があるので、普通のカメラでは近い距離の撮影（接写やマクロ撮影）が苦手だろうと推測できます。交換式レンズでは被写体距離が通常は記入

カメラのレンズに記入された被写体距離

第3章　カメラと目

されていて、写真の例では無限大から0.2m（∞-0.2m/0.7ft）
です。

■フィルムから撮像素子へ

　フィルムを使ったカメラでは、36×24mmの長方形のフィルムが広く使われていて、このフィルムを35ミリフィルムと呼んでいました。デジタルカメラではフィルムの代わりに**CCD**（Charge Coupled Device：電荷結合素子）や**CMOS**（Complementary MOS：相補型金属酸化膜半導体電界効果トランジスタ）といった撮像素子（イメージセンサ）が使われています。これらの撮像素子の開発では、当初は高価なテレビカメラの撮像管の置き換えが主な目的でした。スチルカメラのフィルムを撮像素子で置き換えるようになったのは少しあとのことです。撮像管は直径が1インチや2/3インチなどのものがありますが、撮像素子の大きさは撮像管の規格の影響を受けました。たとえば、直径1インチの撮像管に対応する大きさの撮像素子を1（インチ）型と呼びます。大きさは13.2ミリ×8.8ミリで対角線の長さは、15.9ミリです。長辺と短辺の比は3：2です。対角線の長さが1インチ（＝25.4ミリ）であるわけではありません。1（インチ）型と呼ぶのは、直径1インチの円筒形の撮像管の断面に13.2ミリ×8.8ミリの受光部が収まることによっています。

　デジタルカメラの撮像素子の大きさをいくつか並べると次のようになります。

59

35mmフルサイズCMOSセンサー　キヤノン社HPより

	長辺（mm）	短辺（mm）	対角線長	対角線長比
35ミリ（フルサイズ）	36	24	43.3	1
APS-C	23.4	16.7	28.7	1.5
フォーサーズ	17.3	13	21.6	2.0
1型	13.2	8.8	15.9	2.7
1/1.7型	7.6	5.7	9.5	4.6
1/2.3型	6.2	4.6	7.7	5.6

　長辺と短辺の比は約3：2ですが、この比からずれているものもあります。撮像素子の大きさを長さを使って表す場合には、対角線の長さが大きさを表す良い指標になります。たとえばテレビの画面のサイズも対角線の長さで表します（32インチとか）。これらの撮像素子の大きさは公的な規格ではないので、たとえば1/2.3型の撮像素子でも大きさの異なるものがあります。35ミリフィルムのサイズの撮像素子は大面積で製造コストが高いことから一眼レフカメラの高級

機で主に使われています。APS-Cは1990年代に普及しかけたものの、まもなくデジカメが登場したので成長が止まったフィルムの規格です。フォーサーズは4/3（インチ）の英語読み（four-third）に基づく規格です。どちらも2016年現在では、一眼レフカメラの普及機種などでよく使われています。1型ぐらいの大きさの撮像素子は、ミラーレス一眼カメラなどで使われています。1/2.3型はコンパクトデジタルカメラでよく使われていて、少し値段の高いコンパクトデジカメでは1/1.7型も使われています。一方、携帯電話のカメラでは4.8×3.6mmといった小さいものも使われています。2016年現在で撮像素子の画素数は大きなもので5000万を超えていますが、年々、改良が続けられているので画素数はまだまだ増えていくものと予想されます。

　写真の画質を上げるという意味では、撮像素子の画素数は多い方がよく、また各画素あたりの光量も多い方がよいので、大面積の撮像素子の方が写真のクオリティは上がります。また、レンズも大きい方が光量が多くなるので、撮影の露光時間は相対的に短くなります。露光時間の長短が顕著になるのは動く物体を撮影する場合です。動きが速い物体を静止した像に近づけるにはシャッタースピード（シャッターが開いている時間）を速くして露光時間を短くする必要が生じます。したがって、大きなレンズと大きな撮像素子を持ち、大きな暗室構造を持つカメラの方が、一般的にはよい写真を撮れることになります。特に夕暮れ時などの光量が少ない場合に、動く物体を撮影するときには、サイズの差は大きく表れるでしょう。逆に、明るい場所で、動きの少ない物体を撮るのであれば、携帯電話のカメラで間に合う場合が多いでし

ょう。

■画角

　無限遠の物体を凸レンズを使って像として映す場合には被写体距離sは無限大になるので、レンズの公式から映像距離s'は焦点距離fに等しくなります。このとき図3-1のように、どの角度の範囲の被写体が映るかは焦点距離と撮像素子の大きさによって決まります。たとえば、35ミリフィルムサイズの撮像素子（対角線長43.3mm）で、焦点距離$f=$50mmのレンズを使った場合の対角線の画角は

$$\tan\frac{\theta}{2} = \frac{43.3\text{mm}/2}{50\text{mm}}$$

の関係から関数電卓を使って求めると47度になります。47度は45度と近く、感覚的にも肉眼の画角に近いので、焦点距離50mmのレンズは標準レンズと呼ばれています。焦点距離が50mmから長くなるほど、より**望遠**になり、短くなるほど**広角**レンズになります。

　写真撮影ではどの画角で被写体を映すかは構図を決める際に極めて重要です。35ミリフィルムサイズの撮像素子と

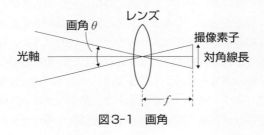

図3-1　画角

第3章　カメラと目

APS-Cサイズでは、前節での撮像素子の対角線長の比は1.5倍（＝43.3mm/28.7mm）あるので、35ミリフィルムサイズの撮像素子を持つ一眼レフの焦点距離50mmは、APS-Cサイズの撮像素子を持つ一眼レフでは焦点距離33.3mm（＝50mm/1.5）に対応します。また、35ミリフィルムサイズの撮像素子と1/2.3型では、撮像素子の長さの比は5.6倍（＝43.2mm/7.7mm）あるので、35ミリサイズの一眼レフの焦点距離50mmは、1/2.3型のコンパクトデジカメでは焦点距離8.9mm（＝50mm/5.6）に対応します。コンパクトデジカメのカタログでは、実際の焦点距離の値に加えて、「35mm判換算○○mm相当の撮影画角」などと記載されています。

　前々節で、被写体距離と映像距離の関係を焦点距離50mmの凸レンズで計算しましたが、焦点距離9mmの凸レンズで計算すると

被写体距離s	映像距離s'
∞	9.00mm
0.5m	9.16mm
0.05m	10.98mm

となります。被写体距離が無限遠の場合に比べて、被写体距離5cmでも映像距離は2mm（＝10.98mm − 9mm）しか変化しないわけですから、コンパクトデジカメ内部のレンズの移動量もこの程度だろうと推測できます。したがって、コンパクトデジカメでは容易に接写撮影ができます。

■被写界深度
　カメラには、レンズと撮像素子の間に絞りがついていて、

63

絞りの開閉によって適切な光量となるよう調節できます。また、本章のこのあとで見るように人間の目にも虹彩があり、その開閉によって光量を調節します。この絞りの開閉によって光量が変化するのは当然ですが、実は同時に映像のピントの合い具合も変わります。しかも、このピントの変化は収差のない理想的なレンズ系でも起こります（収差は第7章で説明します）。「無収差のレンズでも絞りの開き具合によってピントが変わる」というのは不思議に感じられると思いますが、その理由はこれから述べる**被写界深度**が変化するからです。

　ここでは、レンズから有限の距離にある無限に小さい点を被写体として、収差のないレンズによって撮像素子に像を映す場合を考えましょう。まず、撮像素子上の像（点）が最も小さくなる位置に撮像素子を置きます。この最適の被写体距離の位置から、被写体を前後に動かすと（図3-2では左右に動かすと）、像はぼけて広がります。プリントされた写真やディスプレイ上の写真を人間の目で見たときに、像のぼけ方が許容できる（撮像素子上の）最大の円を**許容錯乱円**と呼びます。図3-2では被写体距離が最適距離より短くてもピントが合っているように見える場合を上図に、被写体距離が最適距離より長くてもピントが合っているように見える場合を下図に描いています。この許容錯乱円の直径εを**許容錯乱円径**と呼びます。像のぼけが許容錯乱円に収まる場合の被写体の位置を図3-2のように許容錯乱円の**近点**（上図）と**遠点**（下図）と呼び、このピントが合っているように見える範囲を**被写界深度**と呼びます。被写界深度の範囲が広い場合を「被写界深度が深い」と言い、被写界深度の範囲が狭い場合を「被

第3章　カメラと目

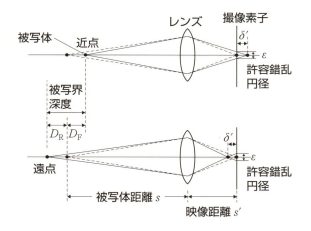

点線の光路はピントが合っている場合を示します。

図3-2　被写界深度

写界深度が浅い」と言います。

　従来は許容錯乱円径は写真の印画紙上で「ピントが合っているように見える直径」として定義しました。たとえば、フィルムカメラの時代に最もよく使われた35mmフィルムでは、対角線の長さの1500分の1程度の長さ（約30μm）が選ばれました。今日のデジタルカメラでは、印画紙にプリントするよりも、ディスプレイ上で写真を見るほうが一般的になっています。その場合、ソフトウェアの働きによってディスプレイ上での拡大に限界はありません。したがって今日では、許容錯乱円径を撮像素子の1画素の大きさ（1〜8μm程度）と同じに選ぶ場合が多いようです。

　図3-3は被写体が「被写界深度の近点」に位置する場合を

表しています。被写界深度はこの図からわかるようにレンズの有効径を小さくする（カメラでは絞りを絞る）ほど深くなります。レンズに近接した絞りを使ってレンズの有効径を半分にすると、有効径ぎりぎりの光路は図3-3では実線から点線に変わり、撮像素子上のスポットの大きさも半減します。したがって、被写界深度の近点は、レンズの有効径を半分にするとさらにレンズに近づき、被写界深度は深くなります。同様に、被写界深度の遠点もレンズから遠くなります。このように被写界深度を深くするには、レンズの有効径を小さくすればよいことがわかります。

　絞りを絞って被写界深度を深くした場合には、一方で、光量が減るので、カメラの露光時間を長くする必要があります。露光時間を長くするということは、シャッタースピードを遅くすることになるので手振れに気を付ける必要が生じます。カメラの撮影術の基礎としては、有名な観光地などを背景にして人物を撮る場合には、人物と背景の両方にピントが合うのが望ましいので、絞りを絞って被写界深度を深くします。一方、人物そのものを背景から浮かび上がらせてポートレートを撮りたい場合には、絞りを開いて人物にピントを合わせ、背景をぼかします。このぼかす手法は日本のカメラマ

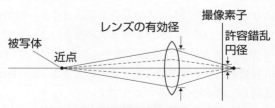

図3-3　被写界深度と絞りの関係

第3章　カメラと目

ンが多用する手法ですが、近年では世界的に知られるように
なり、BokehまたはBokeという言葉が英語で使われるように
なりました。通常のコンパクトデジカメでは絞りの操作は
自動的に行われるので、絞りや被写界深度を意識して写真を
撮っている方は少ないことでしょう。コンパクトデジカメの
種類によっては、ポートレート専用の撮影モード（疑似的に
背景をぼかすモードもあります）が組み込まれているものも
あります。

■焦点深度

　被写界深度に似ているものに、**焦点深度**があります。これ
は、図3-4のように被写体距離は変えないで、撮像素子の位
置をピントの合う位置から前後に（図3-4では左右に）動か
したときに、像のぼけが許容錯乱円の直径に収まる場合の撮
像素子の位置の範囲です。焦点距離fとレンズの有効径Dの
比（$F = \dfrac{f}{D}$）を**F値**（Fナンバー）と呼びます。図中の焦
点深度2δは、レンズのF値がわかっていれば、図3-4の三
角形の相似形から求められます。被写体距離が有限である場
合は、すでに見たように映像距離s'は焦点距離fからずれま
す。しかし、被写体距離がかなり短い場合を除けば

映像距離$s' \approx$焦点距離f

と近似しても問題はありません。よって図3-4の「像点G′を
頂点とし有効径Dを一辺とする三角形」と、「像点G′を頂点
とし許容錯乱円径εを一辺とする三角形」の相似の関係から

67

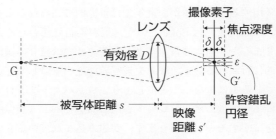

図3-4 焦点深度

$$F = \frac{f}{D} \approx \frac{s'}{D} = \frac{\delta}{\varepsilon}$$
$$\therefore \delta \approx \varepsilon F \quad (3\text{-}1)$$

が得られ、焦点深度をF値と許容錯乱円径εで表せます。

■レンズの明るさや絞りの大きさを表す数字＝F値

 前節で登場したF値（$F = \frac{f}{D}$）はカメラを扱うときに役立つ重要な値です。分母は有効径Dなので、「有効径が大きいほどレンズを通過する光量が多い」という関係から「F値の小さいレンズほど、像は明るい」ということがわかります。絞りを操作してF値を変える場合には、F値が2倍になるとレンズの有効径が半分になるので、レンズの有効面積はその2乗分の1の4分の1になり、光量も4分の1になります。一眼レフカメラのレンズでは、絞りの大きさをマニュアルで変えられますが、光量が半分になる位置ごとに目盛りを打っている場合が多く、

第3章　カメラと目

目盛り	F	1	1.4	2	2.8	4	5.6	8	11
光量		1	1/2	1/4	1/8	1/16	1/32	1/64	1/128

というふうになっています。F値の1.4は $\sqrt{2} \approx 1.41$ の略で、有効径が $\sqrt{2}$ 分の1になっているので、レンズの有効面積は2分の1になっています。同様に2.8は $\sqrt{8} \approx 2.83$ の略であり、5.6は $\sqrt{32} \approx 5.66$ の略であり、11は $\sqrt{128} \approx 11.31$ の略です。

■被写界深度の大きさを求める

　図3-2の「レンズと撮像素子」を簡単なカメラとみなして被写界深度の大きさを求めてみましょう。カメラにとって重要なのは、レンズから被写体までの被写体距離 s と許容錯乱円径 ε を決めたときに、図3-2の被写界深度 D_R や D_F がどの程度の大きさになるかということです。したがって、D_R や D_F を距離 s と許容錯乱円径 ε の関数として表すことが求められます。

　まずガウスのレンズ公式の（2-3）式を図3-2のピントが合った図（光路が点線）に使うと

$$\frac{1}{s} + \frac{1}{s'} = \frac{1}{f} \qquad (2\text{-}3)$$

が成り立ちます。また、近点（上の図）と遠点（下の図）に対しては、図3-2の δ' と図3-4の δ を見比べるとわかるように $\delta' \approx \delta$ の関係があることを利用すると

69

近点

$$\frac{1}{s - D_F} + \frac{1}{s' + \delta'} = \frac{1}{f}$$

$$\therefore \frac{1}{s - D_F} = \frac{1}{f} - \frac{1}{s' + \delta} = \frac{s' + \delta - f}{f(s' + \delta)} \qquad (3\text{-}2)$$

遠点

$$\frac{1}{s + D_R} + \frac{1}{s' - \delta'} = \frac{1}{f}$$

$$\therefore \frac{1}{s + D_R} = \frac{1}{f} - \frac{1}{s' - \delta} = \frac{s' - \delta - f}{f(s' - \delta)} \qquad (3\text{-}3)$$

が成り立ちます。

変数s'が余分なので、これを消去するために（2-3）式からs'を求めると

$$s' = \frac{sf}{s - f} \qquad (3\text{-}4)$$

となります。これを（3-2）式と（3-3）式に代入すればs'を消去できます。ここではD_RとD_Fを求めるのが目的なので、（3-2）式と（3-3）式をそれぞれ左辺に$s - D_F$と$s + D_R$が来るように変形してから、（3-4）式のs'を代入します。すると、

第3章　カメラと目

$$s - D_F = \frac{(s' + \delta)f}{s' + \delta - f}$$

$$= \frac{\left(\dfrac{sf}{s-f} + \delta\right)f}{\dfrac{sf}{s-f} + \delta - f}$$

$$= \frac{\{sf + \delta(s-f)\}f}{sf + ff - fs - f\delta + s\delta}$$

$$= \frac{\{sf - f^2 + f^2 + \delta(s-f)\}f}{f^2 + \delta(s-f)}$$

$$= \frac{f^2(s-f)}{f^2 + \delta(s-f)} + f \tag{3-5}$$

となり、同様に

$$s + D_R = \frac{(s' - \delta)f}{s' - \delta - f}$$

$$= \frac{f^2(s-f)}{f^2 - \delta(s-f)} + f \tag{3-6}$$

が得られます。よって、前方被写界深度D_Fは（3-5）式から

$$D_F = s - f - \frac{f^2(s-f)}{f^2 + \delta(s-f)}$$

$$= \frac{f^2(s-f) + \delta(s-f)^2 - f^2(s-f)}{f^2 + \delta(s-f)}$$

$$= \frac{\delta(s-f)^2}{f^2 + \delta(s-f)}$$

$$= \frac{\varepsilon F(s-f)^2}{f^2 + \varepsilon F(s-f)} \tag{3-7}$$

となり、後方被写界深度 D_R は（3-6）式から

$$D_R = \frac{f^2(s-f)}{f^2 - \delta(s-f)} + f - s$$

$$= \frac{\varepsilon F(s-f)^2}{f^2 - \varepsilon F(s-f)} \tag{3-8}$$

となります。ここでは（3-1）式を使いました。これで、D_F と D_R が求められました。

さらに、$s \approx s - f$ の近似が成り立つ場合には（たとえば、$s = 2\text{m}$ で $f = 5\text{cm}$）、（3-7）式と（3-8）式は、

$$D_F = \frac{\varepsilon F s^2}{f^2 + \varepsilon F s} = \frac{s}{\dfrac{f^2}{\varepsilon F s} + 1} \tag{3-9}$$

$$D_R = \frac{\varepsilon F s^2}{f^2 - \varepsilon F s} = \frac{s}{\dfrac{f^2}{\varepsilon F s} - 1} \tag{3-10}$$

となります。（3-9）式と（3-10）式から、焦点距離 f が長い

ほうが分母の値が大きくなって、被写界深度が浅くなることがわかります。また、絞りを開いてF値を小さくすると、同様に分母の値が大きくなり、被写界深度が浅くなることもわかります。さらに被写体距離sが短いほど同様に被写界深度が浅くなることもわかります。したがって、一眼レフカメラなどで、背景をぼかして人物を浮かび上がらせるには、「焦点距離の長いレンズを使い、絞りを開いて、ピントの合う範囲で被写体に近づく」のがよいということになります。

　35ミリフィルムサイズの撮像素子を持つ一眼レフカメラで背景をぼかしたポートレートを撮る条件は、焦点距離80ミリでF2.8で被写体距離1.5mといったところです。許容錯乱円径を35ミリフィルムサイズの対角線長の1500分の1の28.9μmとすると、（3-9）式と（3-10）式を使って、D_F = 27.8mm、D_R = 28.9mmとなり、ピントの合う範囲は、被写体距離1.5mの前後の約2.8cmになります。撮像素子が1型の場合は、許容錯乱円径を撮像素子の対角線長の1500分の1の10.6μmとして、画角を同じにするために焦点距離30ミリ（＝80ミリ÷2.7）のレンズを使い、F2.8で被写体距離を1.5mとすると、（3-9）式と（3-10）式からD_F = 71mm、D_R = 78mmとなり、被写界深度の深さが先ほどの約2.7倍（＝対角線長の比）になることがわかります。したがって、撮像素子が小さくなるほど被写界深度は深くなり、背景がぼける写真は撮りにくくなることがわかります。この被写界深度の計算例もエクセルファイルに載せています（付録参照）。

■パンフォーカス
　図3-2の下図の場合に、被写体距離を長くしていくと、遠

点も伸びて無限遠に近づいていきます。遠点が無限遠になる場合の被写体距離を**過焦点距離**と呼びます。この過焦点距離を求めてみましょう。この場合には、後側の被写界深度D_Rが無限になるので、(3-10) 式の分母はゼロになるはずです。よって

$$f^2 - \varepsilon Fs = 0$$

$$\therefore s = \frac{f^2}{\varepsilon F} \qquad (3\text{-}11)$$

が得られます。これが過焦点距離です。このときの前側の被写界深度は (3-9) 式に (3-11) 式を使って

$$D_F = \frac{\varepsilon Fs^2}{f^2 + \varepsilon Fs} = \frac{\varepsilon Fs^2}{2\varepsilon Fs} = \frac{s}{2}$$

となります。このように前側の被写界深度は、過焦点距離の半分になります。したがって、無限遠から過焦点距離の半分の距離までピントがあうという極めて広い被写界深度が得られます。この場合は、写真に写るほとんどの範囲でピントが合っているように見えるので**パンフォーカス**（汎フォーカス）と呼びます。

　パンフォーカスは、オートフォーカス機能のない安価なカメラなどでよく使われていました。また、現在でも一眼レフカメラなどで近い被写体から遠景までピントの合った写真を撮るときに使われます。過焦点距離sを短くするには、(3-11) 式から絞りを絞ってF値を大きくし、焦点距離fが短いレンズを使えばよいことがわかります。

74

第3章 カメラと目

■人間が持つカメラ、目

　人間も簡単なカメラとほぼ同じ構造の器官を持っています。言うまでもなくそれは目です。人間の目を模式的に図3-5に描きました。目にもレンズがあって、角膜と水晶体で構成されています。水晶体は一種の凸レンズで、この水晶体のふくらみを毛様体と呼ばれる筋肉が調節してピントをあわせています。撮像素子に相当するのが網膜です。網膜に映る像は、上下が反転して映りますが、それを最初に確認したのはフランスのデカルト（1596〜1650）です。デカルトは取り出された牛の眼球の後ろに卵の殻をスクリーンとしておいて、殻に映った像が上下反転していることを確認しました。私たちが普段認識している映像の上下は反転しているわけではないので、脳の中の情報処理によって映像の上下が再度反転されていることになりますが、その仕組みはわかっていません。

　水晶体の存在そのものは学校教育で学ぶので多くの方が御存知でしょう。しかし、水晶体の前後が、空気ではない透明

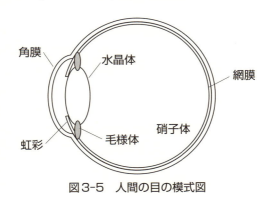

図3-5　人間の目の模式図

な媒質によって満たされていることは見逃されがちです。水晶体の前には房水と呼ばれる体液があり、後ろは硝子体と呼ばれるゼリー状の透明な物質があります。これらの媒質の屈折率は1.34程度あり、水晶体の屈折率は1.40程度なので、実は屈折率の差は0.06しかないのです。したがって、水晶体の曲率をかなり大きく変えないと焦点の調節はできないということになります。また、年齢を重ねると、この水晶体の弾力性はだんだん失われていき、距離によってはピントがあわなくなってきます。この症状を老眼と呼びます。

　水晶体の前には湾曲した角膜がありますがこの角膜の屈折率1.38と空気の屈折率1との差は大きいので、レンズとして働く屈折の効果は角膜と空気の界面で最も大きくなります。水晶体を通過した光は網膜の上に像を結びます。したがって、角膜と水晶体をあわせて単一の凸レンズとみなし、網膜を撮像素子とみなすのが、簡単化した目のモデルです。

　物を見るときにピントをあわせられる最も近くの位置を**近点**と呼びます。このとき目はかなり緊張しているのが感じられると思いますが、目に無理をかけないでリラックスして見られる最短の距離を**明視距離**と呼びます。明視距離は健常な目で25センチぐらいです。顕微鏡などの光学系の倍率の計算では後に見るように明視距離を25センチにとります。

　水晶体の前には虹彩があり、カメラの絞りと同じような働きをします。外が明るいときには狭まり、暗いときには開きます。虹彩によって囲まれた孔を瞳孔と呼びますが、テレビの刑事ドラマなどで、倒れた被害者の生死を判別するために、懐中電灯を使って瞳孔をのぞき込み「瞳孔が開いている」とつぶやくシーンは定番になっています。

第3章 カメラと目

網膜には、たくさんの視細胞が集まっています。この視細胞が光の情報を拾って脳に送ります。視細胞には、2種類あり、カラーの映像を見る錐体細胞と、白黒の映像を生み出す桿体細胞があります。「錐」は、先端がとがった形を表し、実際に錐体細胞の受光部分は円錐形をしています。一方、「桿」は、竿のような円筒形を表し、桿体細胞の受光部分は円筒形をしています。

錐体細胞はカラー映像を生み出すために、赤、緑、青の3色に反応する3種類の細胞があります。数は片目あたり約600万個で、緻密なカラーの映像を脳に送ります。一方、桿体細胞はカラーではなく白黒の濃淡情報しか送りませんが、光の感度が高いのが特徴です。桿体細胞は約1億個もあり、錐体細胞が働かないうす暗いところでも画像をとらえられます。周りに照明がない夕暮れ時の薄暗い状況などでは、まわりが暗くなるにつれて錐体細胞が感度をなくすのに対して、桿体細胞は働き始めて白黒の世界が現れます。この桿体細胞は、人類を含む哺乳類が暗い夜を生き延びるために進化の過程で発達させた視細胞であると言えます。

これらの視細胞が得た情報は視神経繊維を経て脳に送られますが、視神経繊維の数は約100万個なので、600万個ある錐体細胞や1億個もある桿体細胞の情報がそのまま脳に送られるわけではありません。目が光の映像をどのように脳に伝達して、脳内でどのように情報処理を行っているかについては、まだまだ未知の部分が多く、多数の研究者が謎の解明に取り組んでいます。目も光学機器の一つとみなせるので、望遠鏡や顕微鏡を使う場合の光学系について考える場合は、この目のモデルを含めた複合的な光学系について考える必要が

77

あります。

　さて本章では、レンズの公式を使ってカメラの映像距離や画角、それに被写界深度の関係を理解しました。カメラを趣味にしている方にとっては、普段の撮影では意識していたものの数式を使って理解したのは初めて、という内容も含まれていたかもしれません。また、目の基本的な構造も理解しました。次章では、目に映る映像が関係する「凸レンズと虚像の関係」を見てみましょう。

第4章

なぜ拡大できるのか
— 虫メガネ、望遠鏡、顕微鏡 —

■虚像って何？

　凸レンズと実像の関係を見た図2-2や図2-3では、物体（被写体）距離sが焦点距離fより長い場合を考えました。では、物体とレンズ間の距離sが、焦点距離fより短い場合はどうなるでしょうか。この場合を作図したのが図4-1です。人形の頭頂の物点Yで乱反射した光の一部は、物焦点Fと物点Yをつなぐ直線がレンズと交わる点Aで「光軸と平行な光線」に屈折します。また、点Yから水平方向に出た光はレンズとの交点Bで屈折して像焦点F'を抜けます。他に物点Yを出てレンズの中心点Oを抜けた光はそのまま直線的に進みます。この3つの光路は人形から離れるにしたがって図4-1のように広がっていくので、スクリーンに像を結ぶことはありません。像を結ばないとすると、もはやこの場合を考察する必要はないように思えます。

　ところが、おもしろいことに図4-1の右側から人間がレンズを覗き込むと実は像を見ることができます。それはなぜかというと、前章で見たように人間の目には凸レンズの働きをする部分（角膜と水晶体）があるからです。図4-2の上図は、人間の目を簡略化して1枚の凸レンズとスクリーン（網

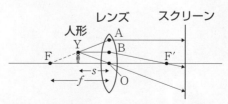

図4-1　物体とレンズ間の距離sが焦点距離fより短い場合

第4章 なぜ拡大できるのか――虫メガネ、望遠鏡、顕微鏡

膜)で模式的に置き換え、図4-1に加えたものです。

目の凸レンズ(角膜と水晶体からなる)の作用があると、図4-2の上図のように目の奥の網膜の位置に実像ができます。この実像がどのような大きさの像に見えるのか考えてみましょう。ここでは簡単のために、ガラスレンズの像焦点 F_G(添え字のGはGlassの意)と目のレンズの中心 O_E(添え字のEはEyeの意)が一致する場合を考えることにします。まず、実際の光路を以下のようにたどってみましょう。

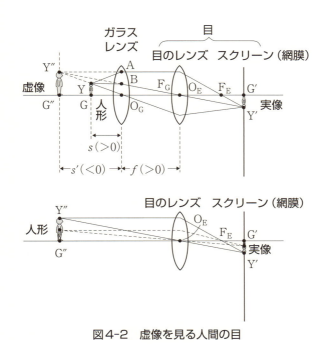

図4-2 虚像を見る人間の目

1. 人形の頭頂Yから出た光で点Aを通るものは、ガラスレンズGで屈折して平行光線となり、さらに人間の目のレンズで屈折すると目の像焦点F_Eを抜けて網膜に達します。

2. また、物点Yから光軸に平行に出た光はガラスレンズの点Bで屈折して像焦点F_Gを抜けます。ここでは像焦点F_Gが目のレンズEの中心O_Eと一致しているので光はそのまま直進して網膜に到達します。

この2つの光路の交点が像点Y′です。

次にこの網膜に映った像がどのように見えるかを、光線逆進の原理を使って網膜上の像点Y′から逆にたどることによって、考えましょう。

1. まず、像点Y′から目のレンズの像焦点F_Eを抜ける光路は目のレンズで屈折して光軸と平行な光線となり、ガラスレンズ上の点Aを通ります。この光路は点Aで屈折して人形の頭頂の物点Yに達するわけですが、物点Yを出るこの光路上の光は人間の目には平行光線として入ってくるので、人間の目には、点Aを通って左に伸びた光軸と平行な光路上（図4-2の上図の点Aから左に伸びた点線）に頭頂Yがあるかのように見えます。

2. 同様に考えると、像点Y′から目のレンズの中心O_E（＝F_G）を抜ける光路は、ガラスレンズ上の点Bで屈折して光軸に平行な光線となって点Yに達しますが、人間の目

第4章 なぜ拡大できるのか——虫メガネ、望遠鏡、顕微鏡

には点O_Eから点Bを抜ける光路上（図4-2の上図の点Bから左上に伸びた点線上）に頭頂Yがあるように見えることになります。

したがって、この2つの点線の交点である点Y″に頭頂があるように見えることになります。

図4-2の下図はガラスレンズがない場合で、左の点Y″の位置に頭頂が位置するもっと大きな人形が本当にある場合を表しています。人間の目には、下図の大きな人形と上図の点Y″に頭頂のある像は同じように見えます。つまり、上図の右側の元の（小さな）人形はその左側の像としてあたかも大きな人形があるかのように拡大されて見えます。図4-2の上図の点Y″の位置に仮にスクリーンを置いたとしても実際には光線がないので像を結ばないのですが、人間が覗き込むと点Y″の位置に物点が存在するかのように見えます。そこで、この「頭頂がY″に位置する像」を**虚像**と呼びます。

■**虚像の倍率について考えよう**

この凸レンズによって拡大された虚像の横倍率を考えてみましょう。人形とガラスレンズの距離をsとし、虚像とガラスレンズとの距離をs'とします。図4-2の上図でガラスレンズの中心O_Gを横座標の原点にとります。虚像は実像とは反対側の左側に現れるのでs'は負の値をとるものとします。虫メガネの助けを借りずに小さなものを見る際には、視角が大きくなるように対象物に目を近づける方がよいことは読者のみなさんもご存知でしょう。ただし、近づきすぎると目のピントが合わなくなります。目を特に緊張させないで焦点を合

わせられる最短の距離は前章で述べたように明視距離と呼びます。ここでは人間の目と虚像との距離は明視距離の25センチにします。この明視距離の位置G''に図4-2の下図のように元の小さな人形も並んで置かれているとしましょう。そして、この同じ明視距離にある高さ$\overline{Y''G''}$の虚像が元の高さ$\overline{YG}$の人形の何倍大きくなっているかを横倍率として定義することにします。すなわち横倍率mを

$$m = \frac{\overline{Y''G''}}{\overline{YG}}$$

で定義します。

さて、人形の大きさ$\overline{YG}$には図4-2の上図から$\overline{YG} = \overline{BO_G}$の関係があることがわかります。また、上図をよく見ると、以下の2種類の三角形の相似の関係があることもわかります。すなわち、点O_Gを共通の頂点とする$\triangle Y''G''O_G$と$\triangle YGO_G$の相似関係から

$$m = \frac{\overline{Y''G''}}{\overline{YG}} = -\frac{s'}{s}$$

が得られます（$s' < 0$）。同様に点O_Eを共通の頂点とする$\triangle Y''G''O_E$と$\triangle BO_GO_E$の相似関係から

$$m = \frac{\overline{Y''G''}}{\overline{YG}} = \frac{\overline{Y''G''}}{\overline{BO_G}} = \frac{f + (-s')}{f} = \frac{f - s'}{f}$$

が得られます（先ほどの$\overline{YG} = \overline{BO_G}$の関係を使いました）。よって、この2つの式から横倍率の以下の関係が得られます。

第4章　なぜ拡大できるのか——虫メガネ、望遠鏡、顕微鏡

$$m = \frac{f - s'}{f} = -\frac{s'}{s} \qquad (4\text{-}1)$$

　目のレンズから虚像までの距離 $f - s'$ を明視距離の25セン
チに固定すると倍率は

$$m = \frac{f - s'}{f} = \frac{250}{f}$$

で表されます（上式の距離の単位はmmです）。したがっ
て、焦点距離 f が小さいほど倍率は大きくなります。ただ
し、図4-2の上図の場合には、レンズの右側の焦点距離の位
置に目のレンズを置くので、焦点距離が小さくなるほど目を
レンズに近づけることになり、物理的に目がレンズに接触す
るぎりぎりが拡大の限界になります。たとえば、焦点距離5
ミリのレンズを使った場合には上式から横倍率は50倍にな
ります。焦点距離が2.5ミリのレンズを使うと倍率は100倍
になりますが、この場合はまつ毛がレンズをこするぐらいに
目をレンズに近づける必要があります。

　（4-1）式から虚像の場合のレンズの公式も導けます。
（4-1）式を変形すると

$$-\frac{s'}{s} = \frac{f - s'}{f} = 1 - \frac{s'}{f}$$

となり、よって、両辺を s' で割り整理すると

$$\frac{1}{s} + \frac{1}{s'} = \frac{1}{f} \qquad (4\text{-}2)$$

が得られます。これはs'が負の値をとること以外は（2-3）式のガウスのレンズ公式と同じです。よって、この（4-2）式が虚像の場合のガウスのレンズ公式になります。

一例として、$f - s' = 250$で、$f = 5$の場合を考えて、これらを（4-2）式に代入すると

$$\frac{1}{5} = \frac{1}{s} + \frac{1}{s'}$$

$$= \frac{1}{s} - \frac{1}{245}$$

$$\therefore \frac{1}{s} = \frac{1}{5} + \frac{1}{245} \approx \frac{1}{5}$$

となり、図4-2の上図の場合には「物体とレンズ間の距離」と「レンズと目の距離」はともに、ほぼ焦点距離と同じ値の5ミリになります。

■レンズ1枚の究極の拡大鏡

虫メガネは私たちが子供のころから最も親しんできた凸レンズでしょう。この凸レンズの倍率は2倍から3倍程度です。倍率10倍とか20倍の虫メガネを使うことはまずないでしょう。しかし、前節で計算したように焦点距離が数ミリの凸レンズを使うと、50倍や100倍の倍率を実現できる可能性があります。このたった1枚のレンズを使って倍率の極限に挑み、初めて微生物を観察したアマチュアの科学者がいました。それはオランダのレーウェンフックです。

レーウェンフックは、1632年にオランダのデルフトに生まれました。ニュートンよりは10年早く生まれています。

第4章　なぜ拡大できるのか――虫メガネ、望遠鏡、顕微鏡

日本史と比べると、1632年は徳川幕府の三代目の家光の治世の10年目にあたります。レーウェンフックは織物商を営んで生計を立てていましたが、ビーズ玉のような小さな丸いレンズを1個だけ使った特殊な拡大鏡を自作して、赤血球、精子、バクテリア等の様々な新発見をしました。レーウェンフックが世に知られるようになったのは、ロンドンの王立協会（1660年設立）の1670年ごろの会報に、顕微鏡に関するニュースが載ったことに端を発しています。これを読んだデルフト市のある医師がレーウェンフックの存在を王立協会に知らせました。イギリスではフック（1635～1703）が複数のレンズを使う顕微鏡を用いて微生物を観察し、そのスケッチを収録した『Micrographia（顕微鏡図譜）』を1665年に出版していました。レーウェンフックによる微生物などの詳細なスケッチはフックらを驚かせました。1673年に王立協会から依頼を受けて、レーウェンフックは拡大鏡による観察結果を王立協会に送るようになりました。その期間は、彼の没年（1723年）までの50年間にも及びました。

　レーウェンフックの拡大鏡は、長さ3～4センチの金属製

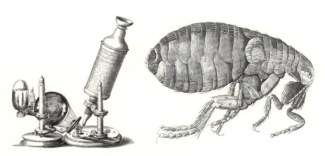

『顕微鏡図譜』の顕微鏡とノミのスケッチ

87

の板に埋め込んだ直径1〜2ミリの小さな球状のレンズと、観察試料を保持する針で構成されています。大きさは全長で5〜6センチです。針にはいくつかのねじがついていて、針の先端の位置を自由に動かせるようになっていました。拡大鏡を外光の方に向けてこの小さなビーズ玉のようなレンズをまつ毛をこするような至近距離からのぞき込んで、100倍以上の倍率を実現していました。この場合は前節での計算のように、レンズを中心にして目の位置と物体の位置はほぼ対称になります。

レーウェンフックは、レンズの作り方を秘密にしていました。レンズを手に入れるのが容易ではなかった時代に、レンズ1枚の自作の拡大鏡で世界初の発見を繰り返したことは快挙でしょう。しかし、レーウェンフックの拡大鏡は、2枚以上のレンズを使う顕微鏡に比べてその後の発展性で劣りまし

レーウェンフック

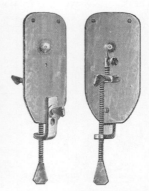
レーウェンフックの拡大鏡

第4章　なぜ拡大できるのか——虫メガネ、望遠鏡、顕微鏡

た。

　レンズを2枚使う顕微鏡はレーウェンフックの誕生以前の1590年ごろにオランダのメガネ職人のヤンセン親子によって発明されました。しかし、当初の倍率は低く、レーウェンフックが活躍した時代に、ようやくレーウェンフックの顕微鏡と同じぐらいの倍率に達しました。2枚のレンズを使う顕微鏡で新発見を生み出したのはイギリスのフックでした。今まで観察できなかった微細な構造を見られるようになったわけですから、顕微鏡をのぞくことには大きな喜びと興奮があったことでしょう。読者のみなさんも小学生や中学生のころに顕微鏡をのぞいた楽しさを覚えていることでしょう。フックは、顕微鏡でコルクを観察し、壁で仕切られた小さな多数の構造を発見しました。フックは、これをcell（細胞）と名付けました。つまり、フックは細胞を発見しました。フックとレーウェンフックの数多くの発見は、その後の生物学の発展に大きな貢献をしました。

■凹面鏡

　ここまで凸レンズの働きを中心に見てきましたが、凸レンズとほとんど同じ働きをする光学部品があります。それは凹面鏡です。ここでは球面の凹面鏡を少し見ておきましょう。図4-3のように、点Cを球面の中心とし、点Fを焦点とし、点Oを光軸と鏡面の交点である頂点とします。

　図4-3の場合の人形の頭頂の物点Yで乱反射した光の光路を考えてみましょう。

1.　まず、物点Yから光軸に平行に出た光は凹面鏡の点Aで

89

反射すると焦点Fを抜けます。
2. 次に、物点Yから出て球面の中心点Cを抜けた光は凹面鏡の点Bで反射するとそのまま戻って中心点Cを抜けます。
3. よって、この2つの光路の交点が像点Y′になります。
4. さらに、物点Yから出て焦点Fを抜けた光(図中の点線)は凹面鏡の点Qで反射すると光軸に平行な光線になって像点Y′を抜けます。
5. また、物点Yから出て頂点Oで反射した光(図中の点線)も像点Y′を抜けます。

図4-3のように、それぞれの距離 s, s' を定義すると、レンズの場合と同様に (2-3) 式が成り立ちます。この証明は割愛しますが、凸レンズの場合と同様に幾何学的な関係から求められます。

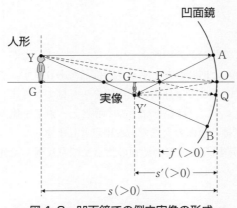

図4-3 凹面鏡での倒立実像の形成

第4章 なぜ拡大できるのか──虫メガネ、望遠鏡、顕微鏡

$$\frac{1}{s} + \frac{1}{s'} = \frac{1}{f} \tag{2-3}$$

物点が凹面鏡の中心Cに位置する場合には、Cから出た光は凹面鏡で反射してCに戻ってきます。球面の半径（曲率半径）をRとすると、このとき

$$s = s' = R$$

です。これを（2-3）式の左辺に代入すると

$$f = \frac{R}{2}$$

が得られます。つまり、焦点距離fは曲率半径Rの半分になります。

図4-4は点Cの位置から凹面鏡を見たときに正立の虚像が

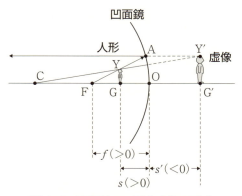

図4-4 凹面鏡での正立虚像の形成

現れる場合です。虚像が現れるのは、このように物体を焦点Fより頂点Oに近い位置に置いた場合です。作図は同様で凹面鏡の右側にそれぞれの光線の延長線（図中の点線）を書くと、その交点が虚像の頭頂の像点Y′になります。この場合も（2-3）式または（4-2）式が成り立ちますが、s'は負の値にとります。横倍率も（4-1）式と同じです。

■顕微鏡

1枚の凸レンズの拡大鏡の倍率は、どんなにがんばっても100倍を超える程度でした。では、レンズを2枚組み合わせた顕微鏡ではどうしてそれより高い倍率が実現できたのでしょうか。その謎を見ていきましょう。

図4-5が2枚の凸レンズを使う最も簡単な顕微鏡の構造を表しています。物界側から構造を見ていきましょう。まず、レンズ1からの物体距離s_1は、レンズ1の焦点距離f_1の2倍よりレンズ側に近く、かつ焦点距離f_1より遠い位置に置きま

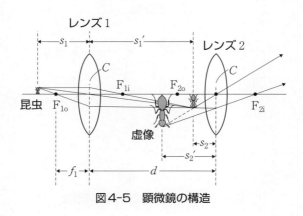

図4-5　顕微鏡の構造

第4章　なぜ拡大できるのか——虫メガネ、望遠鏡、顕微鏡

す（$2f_1 > s_1 > f_1$）。この場合にはすでに見たようにレンズ1の像界側に拡大された倒立実像を結びます。レンズ1の像距離をs_1'とすると、その横倍率mは（2-1）式から$m = -\dfrac{s_1'}{s_1}$となります。

　この実像とレンズ2の距離は、レンズ2の焦点距離より短くします。すると、この実像はレンズ2によって虚像を形成することになります。レンズ2の物体距離をs_2とし、像距離をs_2'とすると、この虚像の倍率は（4-1）式から$m = -\dfrac{s_2'}{s_2}$となります。したがって、この顕微鏡をのぞき込む人間は、

**レンズ1によって拡大された倒立実像（中間像）を
レンズ2によって虚像としてさらに拡大して見る**

ことになります。よって、顕微鏡の倍率は、

実像の横倍率　×　虚像の横倍率

$$m = \frac{s_1'}{s_1} \times \frac{s_2'}{s_2}$$

となります。この2つのレンズの倍率をかけあわせることが、高い倍率を生み出す秘密です。

　物界側のレンズを**対物レンズ**と呼び、のぞき込むレンズを**接眼レンズ**と呼びます。対物レンズは英語では、object lensとかobjectiveと呼びます。object（オブジェクト）は、「物体」を表す英語です。接眼レンズはeyepiece（アイピース）とかocular（オキュラ）と呼ばれます。Eyeは目を、pieceは部品を表します。ocuはインド・ヨーロッパ語で

93

「見ること」を表します。

　顕微鏡では、接眼レンズや対物レンズをそれぞれ数種類用意し、それらを取り換えて使うことによって倍率を変えられます。この交換性を高めるために、対物レンズと接眼レンズ間の距離を16センチとするものが多いようです。図4-6の上図の顕微鏡では対物レンズと中間像の間にフィルター（減光したり特定の波長の光をカットするために用います）などの光学素子を入れると中間像の位置などが変わり、人間がの

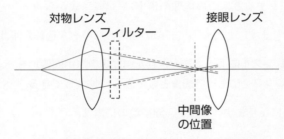

フィルターなどの光学素子を入れると中間像の位置などが変化します。

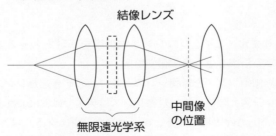

無限遠光学系では、フィルターなどの光学素子を入れても中間像の位置は変化しません。

図4-6　無限遠光学系を含む顕微鏡

第4章　なぜ拡大できるのか——虫メガネ、望遠鏡、顕微鏡

ぞく像にも影響を及ぼします。そこで、図4-6の下図のように対物レンズと中間像の間に結像レンズを入れて、この2つのレンズ間で光路が平行光線になる光学系も広く使われています。この光路が平行光線になる部分にフィルターなどを入れても中間像の位置などが変わらないのが利点です。対物レンズと結像レンズの間では、焦点が無限遠にあるので、これを**無限遠光学系**と呼びます。

　レーウェンフックとフックの後にも顕微鏡は改良されましたが、その後1世紀以上もの間にわたって進歩のスピードは緩やかでした。顕微鏡が長足の進歩をとげるのは1800年代のなかばのことで、ドイツでのカールツァイス社の登場によります。当時、顕微鏡の倍率は600倍にまで向上しました。レーウェンフックの活躍から200年を経て、ドイツのコッホ（1843～1910）は、炭疽菌（1876年）、結核菌（1882年）、コレラ菌（1883年）などを次々と発見しました。細菌学の幕開けです。日本の北里柴三郎（1853～1931）もコッホのもとで学びペスト菌の発見などの素晴らしい業績をあげました。顕微鏡は医学や生物学の新しい扉を開き、さらに様々な研究分野でも活躍の場を広めました。

■望遠鏡の考案

　レンズを2枚組みあわせることによって顕微鏡が発明されましたが、レンズ2枚の組みあわせで遠くのものを大きく見る望遠鏡も発明されました。望遠鏡の発明者の一人として記録に残っているのはヤンセン親子と同じ町に住んでいたメガネ職人のリッペルスハイ（1570～1619）です。リッペルスハイは望遠鏡の特許を申請したので記録が残りましたが、特

95

許は認められませんでした。2枚のレンズを組み合わせるという構造が簡単であることや、すでにこの構造が当時のオランダでよく知られていることなどが却下の理由だったようです。望遠鏡の発明は顕微鏡の発明者であるヤンセン親子の方が早かったという説もあります。イタリアのガリレオ（1564〜1642）は、オランダで望遠鏡が発明されたというニュースを聞いて1609年に自分自身も望遠鏡を試作しました。凸レンズと凹レンズを組み合わせる望遠鏡です。ガリレオは、ガラスの生産で有名なベネチアから40キロ西のパドヴァに住んでいたので、ベネチアからすぐれたガラスを取り寄せることができました。また、職人も雇い入れました。

　このガリレオ式の望遠鏡は、正立した像が見えるということが特徴です。望遠鏡の倍率は20倍程度でしたが、これを用いて月面にクレーターがあることや木星の4つの衛星を発見しました。翌年の1610年3月には『星界の報告』と題して緊急出版しています。最初の観測から出版まで半年ほどの当時としては異例の早業でした。この出版によりそれまで無名だったガリレオは一躍有名人になりました。

　ガリレオの観測報告に多大な関心を寄せたのは当時プラハにいたケプラー（1571〜1630）です。ケプラーは惑星の運動に関する「ケプラーの法則」の発見者として著名ですが、天体を観測するための望遠鏡には多大な関心を示しました。ガリレオと手紙のやり取りをし、さらにガリレオから望遠鏡を手に入れようとしました。ガリレオの望遠鏡には視野が狭いという欠点があるのですが、やがてケプラーは凸レンズを2枚使う視野の広いケプラー式望遠鏡を考案しました。

第4章 なぜ拡大できるのか──虫メガネ、望遠鏡、顕微鏡

■ケプラー式望遠鏡

ケプラー式望遠鏡は図4-7の上図のように無限遠の星をいったん反転した実像に変え、その反転した実像を接眼レンズによって平行光線に変えて目に入れるという構造になっています。この平行光線が網膜上で星の像を結びます。地球から最も近い天体である月の場合でも、月の直径が3474kmで地球からの距離が38万4000kmなので、月の中心に望遠鏡を合わせたとして、月の上端と光軸がなす角度はわずかに0.26度です。ほぼ光軸と平行な光線であるとみなせます。図4-7の上図を見ると、ケプラー式望遠鏡は無限遠の物体を無限遠の像に変換する無限遠光学系であることがわかります。無限

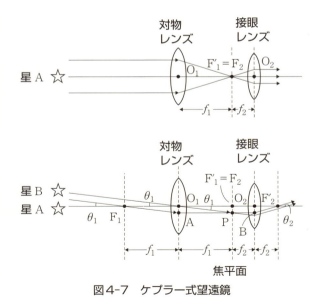

図4-7 ケプラー式望遠鏡

97

遠は英語でafocalと呼びますが、aは否定を意味する接頭辞でafocalはfocusしない（焦点を結ばない）という意味です。

　この望遠鏡の倍率についてこれから考えていきましょう。その際に有限の距離に物体がある場合とは光路の作図法が異なることに注意しましょう。たとえば、対物レンズから有限の距離にある人形の場合には、図4-1や図4-2のように、人形の頭頂から出た3種類の光線の経路を考えればよかったわけです。これらの場合には、この3つの光路が光軸に対してなす角はすべて異なっています。一方、望遠鏡で見る物体としては、ほぼ無限遠にあるとみなせる星を考えます。夜空に浮かび上がる星は地球から遥かかなたに離れているので、望遠鏡のレンズにその光が飛び込む際には、図4-1や図4-2とは違って、光軸に対する角が異なる数種類の光線があるわけではありません。図4-7の上図のように、光軸の延長線上に位置する星Aから出た光は、対物レンズに入るまでは、どの光路でも光軸に平行です。

　このように入射光線はどれも互いに平行であるという前提のもとで倍率について考えましょう。倍率にはここまで見たように、横倍率、縦倍率、角倍率などがありますが、望遠鏡では角倍率が重要です。ここでは図4-7の下図のように、光軸の延長線上（図の左方）に星Aが位置するように望遠鏡を向けると、星Aの上方に星Bが位置するとします。この星Bを発して対物レンズの中心O_1に届く光は光軸と角θ_1をなしているとします。すると、図4-7の下図のように、星Bからレンズに入る光は互いに平行な光線なのでいずれも角θ_1傾いていることになります。また、この星Bから届く平行光線は、「対物レンズの像焦点F'_1を含む焦平面」上の点Pに集

第4章　なぜ拡大できるのか——虫メガネ、望遠鏡、顕微鏡

光します。

　この星Bの光が対物レンズと接眼レンズを経て、射出される角度θ_2を作図によって求めてみましょう。この角度を求めるには、光軸と角θ_1をなし、対物レンズの物焦点F_1を通る光線をまず描きます。この光線が対物レンズと交差する点をAとします。この光線は物焦点を通っているので、対物レンズの点Aで屈折すると光軸と平行な光線になります。この平行光線が接眼レンズ（凸レンズ）と交差する点をBとします。凸レンズに光軸と平行な光線が入射すると、屈折した光線は凸レンズの像焦点F_2'を通過します。よって、点Bから像焦点F_2'を結ぶ直線が射出光線になり、この光線が光軸となす角が射出角θ_2です。

　望遠鏡を使わないときに観測される星Aに対する星Bの角度がθ_1であるのに対して、接眼レンズから望遠鏡をのぞきこんで見ると角の大きさはθ_2に変わります。この角度の比$\dfrac{\theta_2}{\theta_1}$が角倍率で、角倍率が大きいほど、望遠鏡としての拡大の程度は大きいことになります。この角倍率は、2つのレンズの焦点距離の比で求まることが簡単にわかります。なぜなら図4-7の下図からわかるように

$$\theta_1 = \angle F_1' O_1 P$$
$$\theta_2 = \angle O_2 F_2' B$$

の関係があるので、

$$角倍率 = \frac{\theta_2}{\theta_1} = \frac{\angle O_2 F_2' B}{\angle F_1' O_1 P}$$

となり、角 θ が小さいときには $\theta \approx \sin\theta$ の近似が成り立つので

$$\angle \mathrm{F'_1 O_1 P} \approx \sin\angle \mathrm{F'_1 O_1 P} = \frac{\overline{\mathrm{F'_1 P}}}{f_1}$$

$$\angle \mathrm{O_2 F'_2 B} \approx \sin\angle \mathrm{O_2 F'_2 B} = \frac{\overline{\mathrm{O_2 B}}}{f_2} = \frac{\overline{\mathrm{F'_1 P}}}{f_2}$$

となり、

$$角倍率 = \frac{\angle \mathrm{O_2 F'_2 B}}{\angle \mathrm{F'_1 O_1 P}} = \frac{f_1}{f_2} \tag{4-3}$$

となります。したがって、対物レンズと接眼レンズの焦点距離の比が大きいほど角倍率は大きくなります。

■ガリレオ式望遠鏡

　ガリレオ式望遠鏡では、接眼レンズに凸レンズではなく、凹レンズを使います。ガリレオ式望遠鏡の構造を図4-8に示します。ガリレオ式望遠鏡は凸レンズと凹レンズの組み合わせで、入射した平行光線を平行光線として射出するafocalな光学系を構成しています。また、この図4-8からわかるようにガリレオ式では対物レンズと接眼レンズの間に実像は存在しません。先ほどと同様に角倍率を求めてみましょう。

　まず、光路を求めましょう。先ほどと同じく、光軸の延長線上に星Aがあり、光軸と角 θ_1 をなす方向に星Bがある場合を考えましょう。この星Bの光が対物レンズと接眼レンズを経て、射出される角度 θ_2 を作図によって求めます。この角度を求めるには、光軸と角 θ_1 をなし、対物レンズの物焦

第4章 なぜ拡大できるのか――虫メガネ、望遠鏡、顕微鏡

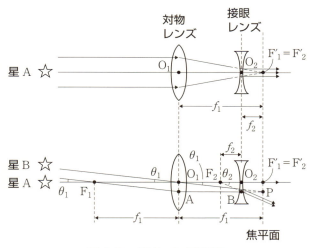

図4-8 ガリレオ式望遠鏡

点F_1を通る光線をまず描きます。この光線が対物レンズと交差する点をAとします。この光線は物焦点を通っているので、対物レンズで屈折すると光軸と平行な光線になります。この光軸に平行な光線が接眼レンズ（凹レンズ）と交差する点をBとします（なお、接眼レンズがない場合には、この光軸に平行な光線は「対物レンズの像焦点F'_1を含む焦平面」上の点Pに集光します）。凹レンズに光軸と平行な光線が入射すると、屈折した光線はその延長線上（点Bから左上に伸びる点線）に凹レンズの物焦点F_2を含みます。よって、物焦点F_2から点Bに結ぶ直線が射出光線の方向を表し、この光線と光軸がなす角が射出角θ_2です。

このときの角倍率は

$$\text{角倍率} = \frac{\theta_2}{\theta_1} = \frac{\angle \mathrm{F'_1 F_2 B}}{\angle \mathrm{F'_1 O_1 P}}$$

で表されますが、ここで先ほどと同様に

$$\angle \mathrm{F'_1 O_1 P} \approx \sin \angle \mathrm{F'_1 O_1 P} = \frac{\overline{\mathrm{F'_1 P}}}{f_1}$$

$$\angle \mathrm{F'_1 F_2 B} \approx \sin \angle \mathrm{F'_1 F_2 B} = \frac{\overline{\mathrm{O_2 B}}}{f_2} = \frac{\overline{\mathrm{F'_1 P}}}{f_2}$$

が成り立つので、角倍率は

$$\text{角倍率} = \frac{\angle \mathrm{F'_1 F_2 B}}{\angle \mathrm{F'_1 O_1 P}} = \frac{f_1}{f_2}$$

となり、対物レンズと接眼レンズの焦点距離の比で倍率が決まります。

　ガリレオ式望遠鏡とケプラー式望遠鏡を比べると、ガリレオ式では像が正立しているのに対して、ケプラー式では、上下左右が逆になるという欠点があります。一方、ガリレオ式望遠鏡では覗いたときの視野が光軸にほぼ平行な光線に限られるので、ケプラー式に比べると視野がかなり狭いという欠点があります。視野について見るために図4-7の下図と図4-8の下図を比べてみましょう。

　ケプラー式望遠鏡（図4-7の下図）では、星Bからの光は光軸に対して斜めに入りますが、対物レンズの物焦点$\mathrm{F_1}$を通る光の光路は対物レンズと接眼レンズを経て、ケプラー式望遠鏡では、点$\mathrm{F'_2}$で光軸を横切ります。したがって、点$\mathrm{F'_2}$の位置に目を置くと、星Bからのこの光も当然ながら目に入

102

第4章　なぜ拡大できるのか——虫メガネ、望遠鏡、顕微鏡

ります。

　一方、ガリレオ式望遠鏡（図4-8の下図）では、星Bから
の光は光軸に対して斜めに入り、対物レンズの物焦点F_1を
通る光は対物レンズを経て接眼レンズの点Bで屈折し、出射
角θ_2で、図4-8の下方に向かいます。この光線は光軸を横切
らないので、点F'_2の位置に目を置いても、出射角θ_2が少し
大きくなると星Bからの光は目に入らないことになります。
つまり、視野はケプラー式望遠鏡より狭くなります。

　ケプラー式望遠鏡では像が上下左右に反転するという欠点
がありますが、夜空の星を見る際には上下左右が反転してい
てもさほど問題は生じません。このため、天体望遠鏡として
はケプラー式がガリレオ式に置き換わりました。現代ではガ
リレオ式の望遠鏡は、オペラグラスと呼ばれる観劇用の低倍
率の安価な双眼鏡などに使われています。

■ガリレオ・ガリレイ

　ガリレオ式望遠鏡の登場によって地球からそれ以外の世界
を初めてのぞき見ることが可能になったことは、科学に大き
な進歩をもたらしました。また、同時に当時のヨーロッパの
宗教界に大きな論争を持ち込むことになりました。当時のキ
リスト教のもとでは地上は汚れた世界であり、それに比べて
天上界ほど清浄であると考えられていました。したがって、
天上界にある月も清浄で滑らかな表面を持っていると想像さ
れていました。ところが、ガリレオの観察によって月の表面
は、クレーターによるあばたが多数ある起伏のある地形であ
ることが明らかになりました。この宗教がからむ論争はやが
てガリレオの後半生に大きな影響を及ぼしました。

103

ガリレオ

ガリレオは月や木星の観測に続いて土星を観測し、土星が不思議な形をしていることを発見しました。望遠鏡の倍率が十分ではないために土星のその不思議な形の解釈には苦労し、土星は3つの星が重なってできていると推測しました。後にこの推測が誤りで、土星のまわりに輪があることを自作の望遠鏡を使って解明したのはオランダのホイヘンスでした。1655年のことで、ガリレオの没後13年が経っていました。

■天体望遠鏡

　読者がアマチュアの天文家であったとして天体望遠鏡の購入を考えているとしましょう。天体望遠鏡には屈折式と反射式の2種類があります。屈折式とはレンズを使う望遠鏡のことです。一方、反射式というのは、屈折式の対物レンズが反射鏡で置き換わっているものでニュートンが発明しました。レンズには本書の後半で述べるように波長分散によって色収差が生じます。反射鏡には色収差がないのが利点です。

　市販されている屈折式の望遠鏡はほとんどケプラー式望遠鏡の発展型で、視野の狭いガリレオ式のものはまずありません。望遠鏡というと、まず倍率が気になると思いますが、天体望遠鏡の角倍率は前々節で見たように対物レンズと接眼レンズの焦点距離の比で決まります。たとえば、対物レンズの焦点距離が500mmで、接眼レンズの焦点距離が10mmであ

第4章　なぜ拡大できるのか——虫メガネ、望遠鏡、顕微鏡

れば、角倍率は50倍（＝500/10）になります。

　では、倍率を上げるためには、接眼レンズの焦点距離をどんどん短くすれば良いかというと、実は限界が2つあります。1つは、光量不足による限界です。図4-7下図のF'_2の位置に目を置いたとすると、星A（光軸の延長方向にある）から星Bまでの入射角の範囲内の光は、F'_2の位置では、光軸方向から星Bまでの出射角の範囲内の光になります。角倍率が上がるほどθ_2の値は大きくなるので、F'_2の右側に位置する網膜の単位面積当たりの光量は減り像は暗くなります。もう1つは後に見る分解能の限界です。一般には、対物レンズの口径が50mmなら50倍、100mmなら100倍程度が実用性のある倍率になります。

　天体望遠鏡の接眼レンズは多くの場合に交換できるようになっていて、その直径にはいくつかの規格があります。現在、市販の一般用の天体望遠鏡で主流なのは、直径が31.7mmのもので、これは1インチが25.4mmなので1.25インチに対応し、アメリカンサイズと呼ばれています。また、一部の望遠鏡では、直径が24.5mmのものもありますが、これはツァイスサイズと呼ばれています。ツァイスはドイツの有名なレンズメーカーです。ツァイスサイズは、ドイツサイズと呼ばれることもあります。勘違いしがちですが、1インチは25.4mmであり、24.5mmではないので、ツァイスサイズの直径は1インチではなく、0.965インチです。

　図4-6の接眼レンズは1枚の凸レンズですが、後に見る収差の影響を小さくするために、実際には複数枚のレンズを組み合わせて使います。このレンズの組み合わせには、いくつもの種類があり、それらのレンズの組み合わせを考案した人

105

の名前などがついています。たとえば、ホイヘンス、ケルナー、オルソスコピック、プローセルなどです。

　レンズを使った望遠鏡では、ガラスの波長分散によって色収差が生じます。ニュートン式望遠鏡では対物レンズのかわりに反射鏡を使うので色収差を低減できます。今日では、ハワイの「すばる望遠鏡」のような巨大な望遠鏡は、反射式望遠鏡となっています。反射式望遠鏡は、色収差がないことに加えて、巨大な反射鏡の方が、巨大なレンズに比べて、その作製や取り回しが容易であるという長所があります。レンズの場合は光を透過させるので、均質で透明度の高いガラスを必要としますが、反射鏡の場合は透明度は要求されず、ガラスの材質は均質で温度変化が少なければよいのです。また、レンズは外周部で保持しますが、巨大なレンズを傾けるとレンズに歪みが生じます。一方、反射鏡では裏面側の構造物で支えて歪みを補正できるという利点があります。すばる望遠鏡の有効直径は8.2mと巨大で厚さ20cmの鏡の裏面は261個の駆動装置によって歪みが補正されています。

■正立像望遠鏡

　次に望遠鏡で地上の物体を見る場合を考えてみましょう。天体望遠鏡を使って、そのまま地上の物体を見ると、上下左右が反転して見えます。月や星なら上下反転していても実質上の問題はありませんが、地上の物体の像の上下左右が反転していると、望遠鏡としての使用は面倒です。そこで、像が正立して見える望遠鏡が必要になります。

　ケプラー式の望遠鏡をもとにして正立式望遠鏡に改造する方法を考えてみましょう。像を正立にするには、対物レンズ

第4章 なぜ拡大できるのか――虫メガネ、望遠鏡、顕微鏡

と接眼レンズの間に反転像を作るためのレンズを入れればよいのでは、と多くの方が気づくことでしょう。ただし、この場合は、対物レンズによる実像の上下左右を、追加したレンズによって反転させてもう1回実像を作るので、望遠鏡の長さは伸びることになります。とすると、望遠鏡の取り回しは悪くなるでしょう。

　正立像に変えるもう1つの方法は図4-9のプリズムを使って像を4回反射させるというものです。この方法は、光路を折り曲げるので、対物レンズと接眼レンズの間の距離を実効的に縮められるというメリットもあります。図4-9のプリズムをポロプリズムと呼びますが、この図ではポロプリズムを2つ使って、正立像に変換しています。ポロプリズム以外の方法としては、ダハプリズムと呼ばれるプリズムを使う方法もあります。

　この正立式望遠鏡を2つ組み合わせたものが双眼鏡です。双眼鏡のカタログを見ると、8×21とか10×50などの掛け

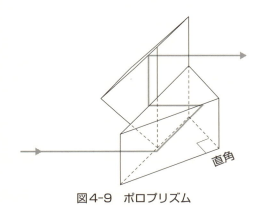

図4-9　ポロプリズム

算のような数字が載っています。これは対物レンズと接眼レンズの倍率を表しているのではなく、1つ目の数字が倍率で2つ目の数字が対物レンズの口径（mm）を表します。たとえば、10×50であれば、倍率は10倍で口径は50mmです。通常の双眼鏡では、倍率は10倍程度までが実用的です。20倍になると手振れなどの影響が顕著に表れます。一方、多少高価になりますが、手振れ補正機能のついた双眼鏡も市販されています。口径は大きい方が多くの光を集められるので明るくなりますが、手で持って使う場合には50mm程度が上限で、それより大きくなるとかさばる上に重くなります。コンサートや観劇には、8×21ぐらいの双眼鏡がよく使われているようです。

　望遠鏡では、図4-7の上図のように、対物レンズに垂直に平行光線が入ったとすると、接眼レンズから平行光線が射出されます。したがって、対物レンズの口径が50mmであって、角倍率が10倍だとすると、（4-3）式から対物レンズと接眼レンズの焦点距離の比も10倍です。したがって、図4-7の上図の対物レンズと接眼レンズの間にある2つの三角形の相似の関係から、接眼レンズから出る平行光線の直径は50mm÷10倍＝5mmになります。この出ていく平行光線の直径を**ひとみ径**と呼びます。双眼鏡を明るい方向に向け、接眼レンズから30cmほど離れて、接眼レンズを見ると、丸い光が見えますが、この光の直径がひとみ径です。

　人間の瞳孔の直径は、虹彩の伸び縮みによって変わりますが、明るい場所では2mm程度で、暗い場所では7mm程度です。双眼鏡のひとみ径は、人間の瞳孔の直径と同じ程度の場合が、対物レンズから入る光のほとんどを網膜まで届けら

第4章　なぜ拡大できるのか——虫メガネ、望遠鏡、顕微鏡

れるので、効率が良いということになります。

　さて、本章は虚像の説明から始まって、2枚のレンズの組み合わせによって誕生した顕微鏡と望遠鏡の基本的な仕組みを理解しました。顕微鏡と望遠鏡はメガネやカメラとともに実用性の高い光学機器であり、人類社会の発展に大きく貢献してきました。また、それらの光学機器へのさらなる性能の要求が光学という学問自身の発展の大きな原動力にもなってきました。次章ではレンズが3枚や4枚の場合も取り扱える「光線追跡法」などのさらに高度な光学に取り組みます。

肖像画のない科学者フック

　フックは、1635年にイギリス本土の南端の島であるワイト島に聖職者の父のもとに生まれました。レーウェンフックの3年後の誕生です。1648年に父が亡くなると、わずかな遺産を元にロンドンに出てウェストミンスター・スクールに学びました。1653年にオックスフォードに移り、やがてロバート・ボイルの助手になりました。オックスフォード大学の学士号を得たのは1662年ごろです。1660年に王立協会が設立されると、実験監督が必要となり1661年末に実験の腕を見込まれて実験監督に任命されました。1663年にロンドンのグレシャムカレッジに王立協会が移ると、フックもグレシャムカレッジに移り、1664年にはグレシャムカレッジの教授になりました。1665年には、顕微鏡による観察記録を『Micrographia（顕微鏡図譜）』として出版しました。1666年のロンドン大火後には、ロンドン復興の都市設計にクリストファー・レンとともに携わったことも有名です。

109

フックは王立協会と会員の間の通信の管理者という立場からニュートンらと科学に関する議論も行いました。特に、ニュートンが唱えた重力の逆二乗則のアイデアは自分のものであると主張したり、ニュートンが光の粒子説を唱えると、波動説を支持したりして、両者の対立は深刻になりました。

　フックは、1703年に67歳で没しましたが、7歳若いニュートンは同年に王立協会の会長に就任しました。1710年に王立協会はグレシャムカレッジから移転しましたが、どうもその際にフックの唯一の肖像画が失われたようです。ニュートンが意図的にフックの肖像画を破棄したという説もあるようですが真偽は不明です。フックは、ばねの力学で用いるフックの法則に名を残していますが、科学上の業績はそれにとどまらずニュートンと同時代のイギリスを代表する科学者の一人でした。

第5章

近軸近似と光線追跡

■レンズの形

 前章までで凸レンズに関するレンズの公式を理解し、さらに2枚のレンズを用いる顕微鏡や望遠鏡の基本的な構造を理解しました。現代の私たちを助けている光学機器には、メガネや虫メガネのようにレンズ1枚のものの他に、カメラや顕微鏡、それに望遠鏡などの複数枚のレンズを使うものがあります。このような複数枚のレンズからなる光学系をどのように扱えばよいのでしょうか。その解き方を本章で見ていきましょう。ここでは、まず、様々なレンズの形から見ていくことにします。

 レンズにはいくつかの種類がありますが、代表的なものを見ておきましょう。まず、最もなじみのあるのが図5-1の一番左の**両凸レンズ**でしょう。両凸レンズはその言葉の通りに両側に膨らんだ形をしていて、虫眼鏡にも使われています。次に、左から二番目のレンズが**平凸レンズ**です。これは一方の面が平面になっていてもう一方の面が凸型になっています。その次がレンズの中心がへこんだ形をしている**両凹レンズ**です。凹レンズにも両凹レンズと**平凹レンズ**があります。読者のみなさんにとって珍しいのはおそらく一番右側の湾曲

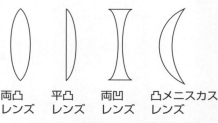

両凸　　平凸　　両凹　　凸メニスカス
レンズ　レンズ　レンズ　レンズ

図5-1　代表的なレンズの断面

第5章　近軸近似と光線追跡

したレンズだと思われますが、断面が三日月形をしたこのレンズを **メニスカス** レンズと呼びます。メニスカス（meniscus）の語源はギリシア語で三日月を表します。この図のレンズは中心部が周辺より厚いので、実効的には凸型のレンズとして働きます。よって、このレンズを凸メニスカスレンズと呼びます。図にはありませんが、中心部が周辺より薄いメニスカスレンズを凹メニスカスレンズと呼びます。この一見珍しいメニスカスレンズは、実はメガネやコンタクトレンズで普通に使われているレンズです。なので、メガネを使っている人にとっては、ほんとうは身近な存在です。

　これらのレンズの凸型や凹型の湾曲は多くの場合に、球面の形をしています。球面が広く使われている理由は、ガラス材などを研磨してレンズを作る工程では、球面が最も作製が容易で相対的に安価に作製できるからです。球面ではない形を **非球面** と呼びますが、非球面の形のレンズを作製するには一般には手間がかかりコストも高くなります。

■レンズと光線の関係を数式を使って表そう

　ここまでは、レンズの性質を主に幾何学的に扱ってきました。幾何学的な作図と簡単な式でレンズの様々な性質が明らかになりました。本章では、数式のレベルを上げてさらに詳しくレンズの性質を見ていきます。ここではレンズに入る光がどう曲がるか（屈折するか）や、レンズから空気中に出る光がどう曲がるかを取り扱います。基本となるのは第1章で学んだスネルの法則です。

　まず最も簡単な場合として、図5-2のような左に凸の球面レンズに入る光の屈折を考えることにしましょう。この球面

113

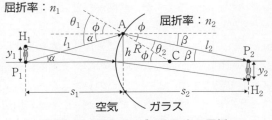

図5-2 球面レンズに入る光の屈折

レンズのガラスの表面は点Cを中心とした半径Rの球面であるとします。この曲率半径Rは、この図のように球面の右に球の中心がある場合に$R>0$とします。この図で球面の左側は屈折率n_1の空気で満たされていて、球面の右側はすべて屈折率n_2のガラスであるとします。図の物点P_1を発した光が、空気とレンズの境界面の点Aで屈折し、ガラス内に入射する場合を考えることにしましょう。このとき、入射角をθ_1とし、屈折角をθ_2とします。点Aで屈折した光が光軸と交わるのが点P_2です。物点P_1から点Aまでの距離をl_1とし、点Aから像点P_2までの距離をl_2とします。入射光が光軸となす角をαとし、屈折光が光軸となす角をβとします。また、角度ϕを図5-2のように定義します。すると、図から

$$\theta_1 = \alpha + \phi, \qquad \theta_2 = \phi - \beta$$

の関係があることがわかります。点Aでは、スネルの法則が成り立ちます。よって、スネルの法則の(1-2)式より

$$n_1 \sin\theta_1 = n_2 \sin\theta_2$$
$$\therefore \ n_1 \sin(\alpha + \phi) = n_2 \sin(\phi - \beta) \qquad (5\text{-}1)$$

114

第5章　近軸近似と光線追跡

となります。さらに以下の三角関数の加法定理（付録参照）を使うと

$$\sin(\delta_1 \pm \delta_2) = \sin\delta_1 \cos\delta_2 \pm \cos\delta_1 \sin\delta_2$$

（5-1）式は

$$n_1 \sin\alpha \cos\phi + n_1 \cos\alpha \sin\phi = n_2 \sin\phi \cos\beta - n_2 \cos\phi \sin\beta$$

$$(5\text{-}2)$$

となります。

　次に点Aから光軸までの距離をhとすると、3つの角度α, β, ϕとhの間には図からわかるように次の関係が成り立ちます。

$$h = l_1 \sin\alpha = l_2 \sin\beta = R \sin\phi$$

　よって、

$$\sin\alpha = \frac{R\sin\phi}{l_1} \tag{5-3}$$

$$\sin\beta = \frac{R\sin\phi}{l_2} \tag{5-4}$$

が得られます。

（5-3）式と（5-4）式を（5-2）式に代入すると

$$n_1 \frac{R\sin\phi}{l_1} \cos\phi + n_1 \cos\alpha \sin\phi = n_2 \sin\phi \cos\beta - n_2 \cos\phi \frac{R\sin\phi}{l_2}$$

となり、両辺を$R\sin\phi$で割り

$$\frac{n_1}{l_1} \cos \phi + \frac{n_1 \cos \alpha}{R} = \frac{n_2 \cos \beta}{R} - \cos \phi \frac{n_2}{l_2}$$

整理すると

$$\frac{n_1}{l_1} + \frac{n_2}{l_2} = \frac{n_2 \cos \beta - n_1 \cos \alpha}{R \cos \phi} \qquad (5\text{-}5)$$

が得られます。これは球面の界面での屈折を表す厳密な式です。

■近軸光線の近似

ここで得られた（5-5）式は、球面の界面での屈折を表す厳密な式ですが、取り扱いを容易にするために**近軸光線の近似**を行ってみましょう。近軸光線の近似というのは、第2章でも触れたように光軸となす角が小さい光線を考えるものです。このとき、3つの角度α, β, ϕがすべて小さいので、以下の近似式が成り立つものとします。

$\cos \alpha \approx 1$, $\cos \beta \approx 1$, $\cos \phi \approx 1$,
$\alpha \approx \sin \alpha \approx \tan \alpha$, $\beta \approx \sin \beta \approx \tan \beta$, $\phi \approx \sin \phi \approx \tan \phi$,
$s_1 = l_1 \cos \alpha \approx l_1$, $s_2 = l_2 \cos \beta \approx l_2$

ただし、ここで角度α, β, ϕの単位がラジアンであることに注意しましょう。どの程度の角度でこの近似が成り立つのか、数値を入れて計算してみましょう。$\cos \theta$の値とθ（degree＝度）の関係を関数電卓で計算してみると

116

第5章　近軸近似と光線追跡

θ（degree）	$\cos\theta$
1	0.9998
5	0.9962
10	0.9848
15	0.9659
20	0.9397

となります。ご覧のように$\theta = 1$度では、$\cos\theta$はほぼ1に等しく、$\theta = 10$度でも$\cos\theta$と1との差は1.5％です。したがって、θを大きくしても10度以下なら、ほぼ

$$\cos\theta \approx 1$$

とみなしてよいことがわかります。また、θと$\sin\theta$および$\tan\theta$の値との関係も関数電卓等で計算してみると

θ（度）	θ（ラジアン）	$\sin\theta$	$\tan\theta$
1	0.017453	0.017452	0.017455
5	0.087266	0.087156	0.087489
10	0.174533	0.173648	0.176327
15	0.261799	0.258819	0.267949
20	0.349066	0.342020	0.363970

となります。$\theta = 10$度でもθと$\tan\theta$の差は1％なので（θと$\sin\theta$の差は0.5％）θが小さいときには、ほぼ

$$\theta \approx \sin\theta \approx \tan\theta$$

が成り立つことがわかります。

　よって、近軸光線の近似のもとで、α, β, ϕが小さい場合

に限定すると、(5-5) 式は

$$\frac{n_1}{s_1} + \frac{n_2}{s_2} = \frac{n_2 - n_1}{R}$$

となります。なお、$s_1 > 0, s_2 > 0$ です。

この式の左辺に s_1 と n_1 を含む項をまとめ、右辺に s_2 と n_2 を含む項をまとめると

$$n_1\left(\frac{1}{R} + \frac{1}{s_1}\right) = n_2\left(\frac{1}{R} - \frac{1}{s_2}\right)$$

となります。

ここでは、距離 s_1 や s_2 などをすべて正にとりましたが、屈折面から左への距離は負にとり ($s_1 < 0$)、屈折面から右への距離は正にとる ($s_2 > 0$) 表記法では、前式は

$$n_1\left(\frac{1}{R} - \frac{1}{s_1}\right) = n_2\left(\frac{1}{R} - \frac{1}{s_2}\right)$$

となります。この式は境界面の左側と右側で、それぞれに対応する左辺と右辺の値が同じになることを表しています。この各辺の物理量は、**アッベの不変量**と呼ばれています。

第2章では薄肉レンズのヘルムホルツ-ラグランジュの不変式を導きました。導出は割愛しますが、図5-2の球面の屈折でも、

$$n_1 y_1 \alpha = n_2 y_2 \beta$$

というヘルムホルツ-ラグランジュの不変式が成り立ちます。

第5章　近軸近似と光線追跡

■光線追跡

　レンズが3枚や4枚もある場合の複雑な光学系での光線の屈折を解析するために大活躍している方法は**光線追跡**です。光線追跡は「ある点を通過した光を追跡し、その光路の次の通過（到達）点を求める方法」です。この光線追跡では、意外なことに、複雑な光路を求めるのは比較的簡単です。というのも、光線追跡ではこれから見ていくように行列を有効に使えるからです。

　光線追跡では、光線ベクトルというものを考えます。図5-3のような2次元の平面内での光の伝搬について考える際には、光線ベクトルは光線が光軸となす角をθとし、光線のy方向の座標をyとするとき、(y, θ)で表します。通常のベクトルは座標x, yを要素として(x, y)と表しますが、光線ベクトルの要素は異なるので注意しましょう。光線追跡では、ある点P_1の光線ベクトル(y_1, θ_1)を使って、その次の光路上の点P_2での(y_2, θ_2)を求めます。この関係を行列を使って表すと

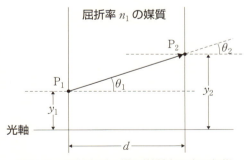

図5-3　屈折率が一様な媒質中の光の伝搬

$$\begin{pmatrix} y_2 \\ \theta_2 \end{pmatrix} = \begin{pmatrix} A & B \\ C & D \end{pmatrix} \begin{pmatrix} y_1 \\ \theta_1 \end{pmatrix}$$

となります。この行列を**光線行列**あるいは***ABCD*行列**と呼びます。この行列の中身が重要なのですが、ここでは6種類の光線行列を見ていきましょう。

■移行行列

まず、最も単純な場合として「媒質中の光の透過」を表す行列について考えましょう。図5-3のように点P_1を通過した光が厚さdの媒質中を透過して点P_2に至る場合を考えます。この場合、厚さdの媒質を透過するとy座標に関しては図5-3からわかるように

$$y_2 = y_1 + d \tan\theta_1$$
$$\approx y_1 + d\theta_1$$

の関係があります（ここでも近軸光線の近似を使いました）。この場合は反射や屈折がないので角度は変化せず

$$\theta_1 = \theta_2$$

です。よって、左の点P_1での光線ベクトルと右の点P_2での光線ベクトルとの関係は、この2つの式を行列を使って表して

$$\begin{pmatrix} y_2 \\ \theta_2 \end{pmatrix} = \begin{pmatrix} 1 & d \\ 0 & 1 \end{pmatrix} \begin{pmatrix} y_1 \\ \theta_1 \end{pmatrix} \tag{5-6}$$

となります。この媒質中での伝搬を表す行列を**移行行列**と呼

びます。

■平面での屈折行列

次に屈折率の異なる界面での屈折を表す行列を考えましょう。図5-4のような光軸に垂直な平面の界面での屈折を考えることにします。屈折を扱う場合は、点P_1の座標(x_1, y_1)とその次の点P_2の座標(x_2, y_2)は同一であると考えて（$(x_1, y_1) = (x_2, y_2)$）、角度θの変化のみを求めます。近軸光線の近似を使うと$\sin\theta_1 \approx \theta_1$であり、また、$\sin\theta_2 \approx \theta_2$なのでスネルの法則（$n_1 \sin\theta_1 = n_2 \sin\theta_2$）は

$$n_1 \theta_1 = n_2 \theta_2$$
$$\therefore \theta_2 = \frac{n_1}{n_2} \theta_1$$

となります。よって、この関係を光線ベクトルと行列で表すと

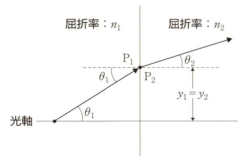

図5-4　光軸に垂直な平面での屈折

$$\begin{pmatrix} y_2 \\ \theta_2 \end{pmatrix} = \begin{pmatrix} 1 & 0 \\ 0 & \dfrac{n_1}{n_2} \end{pmatrix} \begin{pmatrix} y_1 \\ \theta_1 \end{pmatrix} \quad (5\text{-}7)$$

となります。これを平面の**屈折行列**と呼びます。

■左に凸の球面での屈折行列

次に図5-5のような左に凸の球面での屈折を考えることにしましょう。先ほどと同様に点P_1の座標(x_1, y_1)とその次の点P_2の座標(x_2, y_2)は同一であると考えて$((x_1, y_1) = (x_2, y_2))$、角度$\theta$の変化のみを求めます。まず、スネルの法則から

$$n_1 \sin(\theta_1 + \phi) = n_2 \sin(\theta_2 + \phi)$$

が成り立ちます。近軸近似を使うと

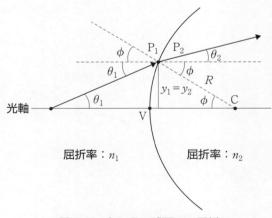

図5-5 左に凸の球面での屈折

第5章　近軸近似と光線追跡

$$n_1\left(\theta_1 + \phi\right) = n_2\left(\theta_2 + \phi\right)$$

$$\therefore \theta_2 = \frac{n_1}{n_2}\left(\theta_1 + \phi\right) - \phi$$

となります。また、

$$y_1 = y_2 = R\sin\phi \approx R\phi$$

$$\therefore \phi = \frac{y_1}{R}$$

の関係を使うと先ほどの θ_2 は

$$\theta_2 = \frac{n_1}{n_2}\left(\theta_1 + \frac{y_1}{R}\right) - \frac{y_1}{R}$$

$$= \frac{n_1}{n_2}\theta_1 - \frac{n_2 - n_1}{Rn_2}y_1$$

となります。よって、この関係を光線ベクトルと行列で表すと

$$\begin{pmatrix} y_2 \\ \theta_2 \end{pmatrix} = \begin{pmatrix} 1 & 0 \\ -\dfrac{n_2 - n_1}{Rn_2} & \dfrac{n_1}{n_2} \end{pmatrix}\begin{pmatrix} y_1 \\ \theta_1 \end{pmatrix} \qquad (5\text{-}8)$$

となります。

　次に屈折した光線が光軸に平行になる場合を考えて、前側焦点距離を求めてみましょう。この場合には $\theta_2 = 0$ なので、(5-8) 式から

123

$$0 = \theta_2 = -\frac{n_2 - n_1}{Rn_2}y_1 + \frac{n_1}{n_2}\theta_1$$

$$\therefore\ \theta_1 = \frac{n_2}{n_1}\frac{n_2 - n_1}{Rn_2}y_1 = \frac{n_2 - n_1}{Rn_1}y_1 \qquad (5\text{-}9)$$

となります。屈折率n_1の媒質が空気の場合はn_1は1であり、屈折率n_2の媒質がガラスの場合はn_2は1より大きくなるので、この式の値は正になりθ_1も正になります。よって入射光の光路を点P_1から左下に延長すると光軸を横切りますが、この交点が焦点になるので、この焦点と球面の頂点Vとの距離が前側焦点距離f_1になります。この前側焦点距離f_1とy_1, θ_1の間には幾何学的に

$$\theta_1 \approx \tan\theta_1 = \frac{y_1}{f_1}$$

の関係があるので、これを (5-9) 式の左辺に代入すると

$$f_1 = \frac{Rn_1}{n_2 - n_1}$$

が得られます。よって、(5-8) 式は前側焦点距離f_1を使うと

$$\begin{pmatrix} y_2 \\ \theta_2 \end{pmatrix} = \begin{pmatrix} 1 & 0 \\ -\dfrac{n_1}{n_2 f_1} & \dfrac{n_1}{n_2} \end{pmatrix}\begin{pmatrix} y_1 \\ \theta_1 \end{pmatrix} \qquad (5\text{-}10)$$

となります。

■右に凸の球面での屈折行列

同様に図5-6のような右に凸の球面での屈折も考えてみましょう。先ほどと同様に点P_1の座標(x_1, y_1)とその次の点P_2の座標(x_2, y_2)は同一であると考えて（$(x_1, y_1) = (x_2, y_2)$）、角度θの変化のみを求めます。まず、スネルの法則から

$$n_1 \sin(\phi - \theta_1) = n_2 \sin(\phi - \theta_2)$$

が成り立ちます。近軸近似を使うと

$$n_1(\phi - \theta_1) = n_2(\phi - \theta_2)$$

$$\therefore \theta_2 = \frac{n_1}{n_2}(\theta_1 - \phi) + \phi$$

となります。右に凸の球面の曲率半径Rは負の値で定義する

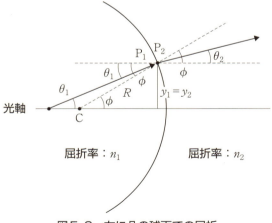

図5-6　右に凸の球面での屈折

ことにします。

$$y_1 = y_2 = -R\sin\phi \approx -R\phi$$

$$\therefore \phi = -\frac{y_1}{R}$$

の関係を使うとθ_2は

$$\theta_2 = \frac{n_1}{n_2}\left(\theta_1 + \frac{y_1}{R}\right) - \frac{y_1}{R}$$

$$= \frac{n_1}{n_2}\theta_1 - \frac{n_2 - n_1}{Rn_2}y_1$$

となります。よって、この関係を光線ベクトルと行列で表すと

$$\begin{pmatrix} y_2 \\ \theta_2 \end{pmatrix} = \begin{pmatrix} 1 & 0 \\ -\dfrac{n_2 - n_1}{Rn_2} & \dfrac{n_1}{n_2} \end{pmatrix}\begin{pmatrix} y_1 \\ \theta_1 \end{pmatrix} \tag{5-11}$$

となります。

入射光線が光軸に平行な場合には$\theta_1 = 0$なので、(5-11) 式から

$$\theta_2 = -\frac{n_2 - n_1}{Rn_2}y_1 \tag{5-12}$$

となります。屈折率n_1の媒質がガラスの場合はn_1は1.5ぐらいで、屈折率n_2の媒質が空気の場合はn_2は1なので、この式の値は負になりθ_2も負になります。よって球面で屈折した光線は光軸を横切りますが、この交点が焦点になるので、この焦点と球面の頂点との距離が後側焦点距離f_2になりま

第5章　近軸近似と光線追跡

す。この後側焦点距離 f_2 と y_1, θ_2 の間には幾何学的に

$$-\theta_2 \approx \tan(-\theta_2) = \frac{y_1}{f_2}$$

の関係があるので、この関係を（5-12）式の左辺に使うと

$$f_2 = \frac{Rn_2}{n_2 - n_1}$$

が得られます。よって、（5-11）式は、後側焦点距離 f_2 を使うと

$$\begin{pmatrix} y_2 \\ \theta_2 \end{pmatrix} = \begin{pmatrix} 1 & 0 \\ -\dfrac{1}{f_2} & \dfrac{n_1}{n_2} \end{pmatrix} \begin{pmatrix} y_1 \\ \theta_1 \end{pmatrix} \tag{5-13}$$

となります。

■薄肉レンズの光線行列

薄肉レンズの光線行列も求めてみましょう。薄肉レンズの結像式（ガウスのレンズ公式）は

$$\frac{1}{s} + \frac{1}{s'} = \frac{1}{f} \tag{2-3}$$

でした。図5-7の高さ $y_1 = y_2$ の点Aに入った光について、レンズによる屈折を考察してみましょう。（2-3）式の両辺に y_1 をかけると

$$\frac{y_1}{s} + \frac{y_1}{s'} = \frac{y_1}{f} \tag{5-14}$$

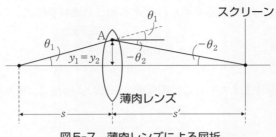

図5-7 薄肉レンズによる屈折

となります。図5-7で以下の近軸近似を使い

$$\theta_1 \approx \frac{y_1}{s}, \quad -\theta_2 \approx \frac{y_1}{s'}$$

(5-14) 式にこれらを代入すると

$$\theta_1 - \theta_2 = \frac{y_1}{f}$$

$$\therefore \theta_2 = -\frac{y_1}{f} + \theta_1$$

となります。この関係を行列で表すと

$$\begin{pmatrix} y_2 \\ \theta_2 \end{pmatrix} = \begin{pmatrix} 1 & 0 \\ -\frac{1}{f} & 1 \end{pmatrix} \begin{pmatrix} y_1 \\ \theta_1 \end{pmatrix} \quad (5\text{-}15)$$

となります。これが薄肉レンズの光線行列です。

■球面の凹面鏡での反射

球面の凹面鏡での反射の光線行列も求めてみましょう。前

第5章　近軸近似と光線追跡

章で見たように凹面鏡の結像式は薄肉レンズの結像式

$$\frac{1}{s} + \frac{1}{s'} = \frac{1}{f} \qquad (2\text{-}3)$$

と同じでした。図5-8の光軸からの高さ $y_1 = y_2$ の点Aに入射した光について、凹面鏡での反射を考察してみましょう。(2-3) 式の両辺に y_1 をかけると

$$\frac{y_1}{s} + \frac{y_1}{s'} = \frac{y_1}{f} \qquad (5\text{-}16)$$

となります。図5-8で以下の近軸近似を使い

$$\theta_1 \approx \frac{y_1}{s}, \quad \theta_2 \approx \frac{y_1}{s'}$$

これらを (5-16) 式に代入すると

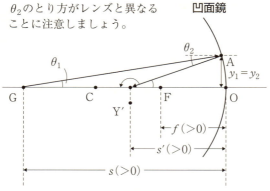

図5-8　凹面鏡による反射

129

$$\theta_1 + \theta_2 = \frac{y_1}{f}$$

$$\therefore \theta_2 = \frac{y_1}{f} - \theta_1$$

となります。この関係を行列で表すと

$$\begin{pmatrix} y_2 \\ \theta_2 \end{pmatrix} = \begin{pmatrix} 1 & 0 \\ \dfrac{1}{f} & -1 \end{pmatrix} \begin{pmatrix} y_1 \\ \theta_1 \end{pmatrix} \qquad (5\text{-}17)$$

となります。すでに見たように凹面鏡では、焦点距離fは曲率半径R（<0）の半分なので（5-17）式は、

$$\begin{pmatrix} y_2 \\ \theta_2 \end{pmatrix} = \begin{pmatrix} 1 & 0 \\ -\dfrac{2}{R} & -1 \end{pmatrix} \begin{pmatrix} y_1 \\ \theta_1 \end{pmatrix}$$

とも書けます。

■光線行列の表記方法

　ここまでで6種類の光線行列を見てきましたが、光線追跡では光線ベクトルの取り方にいくつかの流儀があり、そのそれぞれで行列の形も変わります。たとえば、ベクトルとして$\begin{pmatrix} y_i \\ \theta_i \end{pmatrix}$ではなく、$\begin{pmatrix} y_i \\ n_i\theta_i \end{pmatrix}$をとる場合もあります。この場合は（5-6）式から（5-11）式はそれぞれ以下のようになります。

第5章　近軸近似と光線追跡

(5-6) 式　　　$$\begin{pmatrix} y_2 \\ n_2\theta_2 \end{pmatrix} = \begin{pmatrix} 1 & \dfrac{d}{n_1} \\ 0 & 1 \end{pmatrix} \begin{pmatrix} y_1 \\ n_1\theta_1 \end{pmatrix}$$

(5-7) 式　　　$$\begin{pmatrix} y_2 \\ n_2\theta_2 \end{pmatrix} = \begin{pmatrix} 1 & 0 \\ 0 & 1 \end{pmatrix} \begin{pmatrix} y_1 \\ n_1\theta_1 \end{pmatrix}$$

(5-8) 式　　　$$\begin{pmatrix} y_2 \\ n_2\theta_2 \end{pmatrix} = \begin{pmatrix} 1 & 0 \\ -\dfrac{n_2 - n_1}{R} & 1 \end{pmatrix} \begin{pmatrix} y_1 \\ n_1\theta_1 \end{pmatrix}$$

(5-11) 式　　　$$\begin{pmatrix} y_2 \\ n_2\theta_2 \end{pmatrix} = \begin{pmatrix} 1 & 0 \\ -\dfrac{n_2 - n_1}{R} & 1 \end{pmatrix} \begin{pmatrix} y_1 \\ n_1\theta_1 \end{pmatrix}$$

行列 $\begin{pmatrix} A & B \\ C & D \end{pmatrix}$ の要素からなる式 $AD - BC$ を行列式と呼びますが、この4つの式の行列式は計算してみるといずれも1になります。ベクトルとして $\begin{pmatrix} y_i \\ n_i\theta_i \end{pmatrix}$ ではなく、$\begin{pmatrix} n_i\theta_i \\ y_i \end{pmatrix}$ をとる流儀もありますが、この場合も行列式はいずれも1になります。ベクトルの要素に $n_i\theta_i$ をとる表記法で

光線行列の行列式の値が1になること

は光線行列の一般的な性質です。

■ 2枚の薄肉レンズの合成

光線行列を使ってもっと複雑な光学系を扱ってみましょう。薄肉レンズが複数枚ある場合の最も簡単な例として図4-5の顕微鏡の場合のように凸レンズが2枚ある場合の光線

131

行列を求めてみましょう。焦点距離f_1とf_2の2枚の凸レンズの間隔をdとします。この場合の光線行列は、

薄肉凸レンズ（焦点距離f_1）の光線行列
　×　距離dの移行行列
　×　薄肉凸レンズ（焦点距離f_2）の光線行列

になります。よって、これらの光線行列を次式のように計算の順番に右から左に並べます。すると

$$
\begin{pmatrix} y_2 \\ \theta_2 \end{pmatrix} = \begin{pmatrix} 1 & 0 \\ -\dfrac{1}{f_2} & 1 \end{pmatrix} \begin{pmatrix} 1 & d \\ 0 & 1 \end{pmatrix} \begin{pmatrix} 1 & 0 \\ -\dfrac{1}{f_1} & 1 \end{pmatrix} \begin{pmatrix} y_1 \\ \theta_1 \end{pmatrix}
$$

$$
= \begin{pmatrix} 1 & 0 \\ -\dfrac{1}{f_2} & 1 \end{pmatrix} \begin{pmatrix} 1-\dfrac{d}{f_1} & d \\ -\dfrac{1}{f_1} & 1 \end{pmatrix} \begin{pmatrix} y_1 \\ \theta_1 \end{pmatrix}
$$

$$
= \begin{pmatrix} 1-\dfrac{d}{f_1} & d \\ -\dfrac{1}{f_1}-\dfrac{1}{f_2}+\dfrac{d}{f_1 f_2} & 1-\dfrac{d}{f_2} \end{pmatrix} \begin{pmatrix} y_1 \\ \theta_1 \end{pmatrix} \qquad (5\text{-}18)
$$

となります。2つのレンズを密着させた場合のようにレンズ間の距離dが小さくて無視できる場合は、（5-18）式は

$$
\begin{pmatrix} y_2 \\ \theta_2 \end{pmatrix} = \begin{pmatrix} 1 & 0 \\ -\dfrac{1}{f_1}-\dfrac{1}{f_2} & 1 \end{pmatrix} \begin{pmatrix} y_1 \\ \theta_1 \end{pmatrix}
$$

と書き換えられます。これを薄肉レンズ1枚の光線行列を表

第5章　近軸近似と光線追跡

す（5-15）式と比較し、2行1列目の要素を同じとすると

$$\frac{1}{f} = \frac{1}{f_1} + \frac{1}{f_2} \qquad (5\text{-}19)$$

が得られます。これは2枚のレンズを重ねて使う場合は、焦点距離が（5-19）式で表される単レンズと同じと考えてよいことを意味しています。

　（5-19）式は2枚の凸レンズに対して導きましたが、凹レンズでも（5-19）式が成り立ちます。凹レンズでは焦点距離が負の値をとります。たとえば、$f_1 = 10\text{cm}$ の平凸レンズの凸面と $f_2 = -10\text{cm}$ の平凹レンズの凹面を密着させるとただの平面のガラスと同じになり、もはや光を集光せず $f = \infty$ になることは直感的にわかります。この場合は、（5-19）式でも右辺の値はゼロになるので左辺の f は ∞ になります。

　この焦点距離 f の逆数 $\dfrac{1}{f}$ には、**屈折力（ディオプトリー）** という名前がついています。たとえば、この2つのレンズの屈折力を D_1 と D_2 とすると

$$D_1 = \frac{1}{f_1}, \quad D_2 = \frac{1}{f_2}$$

なので（5-19）式は

$$\frac{1}{f} = \frac{1}{f_1} + \frac{1}{f_2} = D_1 + D_2$$

となります。

　このディオプトリーがよく使われているのは、身近なとこ

133

ろではメガネやコンタクトレンズです。近視や遠視、それに老眼の補正にメガネやコンタクトレンズが使われますが、目の角膜や水晶体とメガネやコンタクトレンズの距離は小さいので、近似式として（5-19）式が使えます。凸レンズの場合は、ディオプトリーは正で老眼鏡として使われ、凹レンズではディオプトリーは負で近眼鏡として使われます。

■2枚の薄肉レンズの合成と主平面

この2枚の薄肉レンズからなる光学系を単純化して「2枚の平面で屈折が起こる」というモデルで取り扱う方法を検討しましょう。図5-9に模式的にレンズを書きましたが、2枚の薄肉レンズの内側に**前側主平面**と**後側主平面**を考えます。このモデルでは、前側焦点距離fは前側主平面から図の左側への距離で表され、後側焦点距離f'は後側主平面から図の右側への距離で表されるとします。また、光の屈折は2枚のそれぞれの主平面で起こるものと想定します。

このとき、左のレンズから前側主平面までの距離をtと

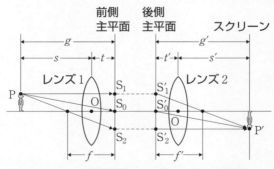

図5-9　2枚の薄肉レンズの合成と主平面

し、後側主平面から右側のレンズまでの距離を t' とします。
この2つの主平面に挟まれた部分が実効的に1枚のレンズと
同じ働きをするものとして、この光線行列を

$$\begin{pmatrix} A & B \\ C & D \end{pmatrix}$$

と置きます。左のレンズから前側主平面までは移行行列

$$\begin{pmatrix} 1 & t \\ 0 & 1 \end{pmatrix}$$

で表されます。また、後側主平面から右のレンズまでは移行
行列

$$\begin{pmatrix} 1 & t' \\ 0 & 1 \end{pmatrix}$$

で表されます。よって、図5-9の2枚の薄肉レンズを置き換
えるモデルの光線行列は

$$\begin{pmatrix} 1 & t' \\ 0 & 1 \end{pmatrix}\begin{pmatrix} A & B \\ C & D \end{pmatrix}\begin{pmatrix} 1 & t \\ 0 & 1 \end{pmatrix}$$

となります。これが、2枚の薄肉レンズの光線行列である
(5-18) 式の光線行列と等しいとみなすので

$$
\begin{pmatrix} 1-\dfrac{d}{f_1} & d \\ -\dfrac{1}{f_1}-\dfrac{1}{f_2}+\dfrac{d}{f_1 f_2} & 1-\dfrac{d}{f_2} \end{pmatrix} = \begin{pmatrix} 1 & t' \\ 0 & 1 \end{pmatrix}\begin{pmatrix} A & B \\ C & D \end{pmatrix}\begin{pmatrix} 1 & t \\ 0 & 1 \end{pmatrix}
$$

$$(5\text{-}20)$$

となります。なお、以下では左辺の光線行列の2行1列の成分を

$$
-\frac{1}{F} \equiv -\frac{1}{f_1}-\frac{1}{f_2}+\frac{d}{f_1 f_2} \qquad (5\text{-}21)
$$

と置きます。

移行行列の逆行列（付録参照）はそれぞれ

$$
\begin{pmatrix} 1 & t \\ 0 & 1 \end{pmatrix}^{-1} = \begin{pmatrix} 1 & -t \\ 0 & 1 \end{pmatrix}, \quad \begin{pmatrix} 1 & t' \\ 0 & 1 \end{pmatrix}^{-1} = \begin{pmatrix} 1 & -t' \\ 0 & 1 \end{pmatrix}
$$

なので（5-20）式の両辺にこの逆行列をそれぞれ右と左からかけます。すなわち、（5-20）式の右辺は、これらの逆行列をかけると

$$
\begin{pmatrix} 1 & -t' \\ 0 & 1 \end{pmatrix}\begin{pmatrix} 1 & t' \\ 0 & 1 \end{pmatrix}\begin{pmatrix} A & B \\ C & D \end{pmatrix}\begin{pmatrix} 1 & t \\ 0 & 1 \end{pmatrix}\begin{pmatrix} 1 & -t \\ 0 & 1 \end{pmatrix} = \begin{pmatrix} 1 & 0 \\ 0 & 1 \end{pmatrix}\begin{pmatrix} A & B \\ C & D \end{pmatrix}\begin{pmatrix} 1 & 0 \\ 0 & 1 \end{pmatrix}
$$

$$
= \begin{pmatrix} A & B \\ C & D \end{pmatrix}
$$

となります。一方、（5-20）式の左辺は、これらの逆行列をかけると

第5章　近軸近似と光線追跡

$$\begin{pmatrix} 1 & -t' \\ 0 & 1 \end{pmatrix} \begin{pmatrix} 1 - \dfrac{d}{f_1} & d \\ -\dfrac{1}{F} & 1 - \dfrac{d}{f_2} \end{pmatrix} \begin{pmatrix} 1 & -t \\ 0 & 1 \end{pmatrix}$$

$$= \begin{pmatrix} 1 & -t' \\ 0 & 1 \end{pmatrix} \begin{pmatrix} 1 - \dfrac{d}{f_1} & -t + t\dfrac{d}{f_1} + d \\ -\dfrac{1}{F} & \dfrac{t}{F} + 1 - \dfrac{d}{f_2} \end{pmatrix}$$

$$= \begin{pmatrix} 1 - \dfrac{d}{f_1} + \dfrac{t'}{F} & -t + t\dfrac{d}{f_1} + d - t'\left\{ \dfrac{t}{F} + 1 - \dfrac{d}{f_2} \right\} \\ -\dfrac{1}{F} & \dfrac{t}{F} + 1 - \dfrac{d}{f_2} \end{pmatrix}$$

となります。ここでtとt'をどのような値にとるかは任意性
がある（勝手に決めてよい）ので、この光線行列の対角項
A, Dがそれぞれ1になるように選ぶことにします。よって、
この条件は

$$A = 1 - \frac{d}{f_1} + \frac{t'}{F} = 1,$$

$$D = \frac{t}{F} + 1 - \frac{d}{f_2} = 1 \tag{5-22}$$

です。これから

$$t = \frac{Fd}{f_2} \tag{5-23}$$

$$t' = \frac{Fd}{f_1} \tag{5-24}$$

が得られます。光線行列の非対角項Bは

$$B = -t + t\frac{d}{f_1} + d - t'\left\{\frac{t}{F} + 1 - \frac{d}{f_2}\right\}$$

なので$\left\{\quad\right\}$の中に（5-22）式を使うと

$$= -t + t\frac{d}{f_1} + d - t'$$

となり、（5-23）式と（5-24）式を使うと

$$= -\frac{Fd}{f_2} + \frac{Fd}{f_2}\frac{d}{f_1} + d - \frac{Fd}{f_1}$$
$$= Fd\left(-\frac{1}{f_2} + \frac{d}{f_1 f_2} - \frac{1}{f_1} + \frac{1}{F}\right)$$

となり、$\left(\quad\right)$の中は（5-21）式より0なので

$$= 0$$

となります。よって光線行列は

$$\begin{pmatrix} A & B \\ C & D \end{pmatrix} = \begin{pmatrix} 1 & 0 \\ -\dfrac{1}{F} & 1 \end{pmatrix}$$

となり、（5-15）式の薄肉レンズと同じ形になることがわかります。これは2つの主平面に挟まれた部分が実効的に1枚の薄肉レンズにみなせることを意味します。

138

第5章　近軸近似と光線追跡

■2つの主平面の光線行列の性質

これで、2つの主平面の光線行列が

$$\begin{pmatrix} 1 & t' \\ 0 & 1 \end{pmatrix} \begin{pmatrix} 1 & 0 \\ -\dfrac{1}{F} & 1 \end{pmatrix} \begin{pmatrix} 1 & t \\ 0 & 1 \end{pmatrix}$$

で表されることがわかりました。したがって、図5-9のように点Pと P′が共役である場合の光線行列は、図のように距離 s と s' とを定義すると、点Pから P′までの光線行列は

$$\begin{pmatrix} 1 & s' \\ 0 & 1 \end{pmatrix} \begin{pmatrix} 1 & t' \\ 0 & 1 \end{pmatrix} \begin{pmatrix} 1 & 0 \\ -\dfrac{1}{F} & 1 \end{pmatrix} \begin{pmatrix} 1 & t \\ 0 & 1 \end{pmatrix} \begin{pmatrix} 1 & s \\ 0 & 1 \end{pmatrix}$$

$$= \begin{pmatrix} 1 & s'+t' \\ 0 & 1 \end{pmatrix} \begin{pmatrix} 1 & 0 \\ -\dfrac{1}{F} & 1 \end{pmatrix} \begin{pmatrix} 1 & t+s \\ 0 & 1 \end{pmatrix}$$

$$= \begin{pmatrix} 1 & q' \\ 0 & 1 \end{pmatrix} \begin{pmatrix} 1 & 0 \\ -\dfrac{1}{F} & 1 \end{pmatrix} \begin{pmatrix} 1 & q \\ 0 & 1 \end{pmatrix}$$

となります。なお、ここで

$$q \equiv t + s, \qquad q' \equiv t' + s'$$

と置いています。

よって、点Pの光線ベクトル $\begin{pmatrix} y \\ \theta \end{pmatrix}$ と点P′の光線ベクトル $\begin{pmatrix} y' \\ \theta' \end{pmatrix}$ の関係は

$$\begin{pmatrix} y' \\ \theta' \end{pmatrix} = \begin{pmatrix} 1 & q' \\ 0 & 1 \end{pmatrix} \begin{pmatrix} 1 & 0 \\ -\dfrac{1}{F} & 1 \end{pmatrix} \begin{pmatrix} 1 & q \\ 0 & 1 \end{pmatrix} \begin{pmatrix} y \\ \theta \end{pmatrix}$$

$$= \begin{pmatrix} 1 & q' \\ 0 & 1 \end{pmatrix} \begin{pmatrix} 1 & q \\ -\dfrac{1}{F} & -\dfrac{q}{F}+1 \end{pmatrix} \begin{pmatrix} y \\ \theta \end{pmatrix}$$

$$= \begin{pmatrix} 1-\dfrac{q'}{F} & q-\dfrac{qq'}{F}+q' \\ -\dfrac{1}{F} & -\dfrac{q}{F}+1 \end{pmatrix} \begin{pmatrix} y \\ \theta \end{pmatrix}$$

$$= \begin{pmatrix} y-\dfrac{q'}{F}y+\left(q-\dfrac{qq'}{F}+q'\right)\theta \\ -\dfrac{y}{F}+\left(-\dfrac{q}{F}+1\right)\theta \end{pmatrix} \tag{5-25}$$

になります。

　前側（物界）の光線が光軸と平行な場合を考えてみましょう。この場合は、$\theta = 0$ なので、（5-25）式は

$$\begin{pmatrix} y' \\ \theta' \end{pmatrix} = \begin{pmatrix} y-\dfrac{q'}{F}y \\ -\dfrac{y}{F} \end{pmatrix}$$

となります。これから、後側（像界）の光線が光軸を横切り $y' = 0$ となる点（すなわち後側焦点距離）では

$$y' = y-\dfrac{q'}{F}y = \left(1-\dfrac{q'}{F}\right)y = 0$$
$$\therefore \ q' = F$$

第5章　近軸近似と光線追跡

であることがわかります。つまり、(5-21) 式で表される F は像側の主平面から測った後側焦点距離 f' を表していることになります。

(5-25) 式で同様にして、像界の光線が光軸と平行な光線の場合 ($\theta' = 0$) を考え、$y = 0$ となる点を求めると、$q = F$ が得られます。つまり、(5-21) 式で表される F は物界側の主平面から測った前側焦点距離 f も表していることになります ($f = f' = F$)。

　主平面と光軸の交点を**主点**と呼びます。図5-9では点 S_0 と点 S_0' が主点です。主点は光学系の焦点距離 F を決める基準点になります。この主点と主平面は18世紀の大数学者であるガウスが導きました。このように、主平面の位置を決める t と t' を (5-23) 式と (5-24) 式のように選ぶと、2つの主平面で屈折が起こるモデルで置き換えられ、2枚の薄肉レンズの光学系も焦点距離 F の1枚のレンズと同様に扱えます。この場合は、図5-9のように、点 S_1 に入射した光は、光軸からの距離（高さ）が同じ点 S_1' から射出します。同様に点 S_0 に入射した光は、光軸上の点 S_0' から射出し、点 S_2 に入射した光は、光軸からの距離が同じ点 S_2' から射出します。

　光軸に対して斜めに点 S_0 に入射した光は、点 S_0' から同じ角度で射出しますが、このように光軸上にある点で、入射した光の入射角と、出る光の出射角が同じである時、それぞれの点を**節点**と呼びます。レンズ系の両側の媒質の屈折率が同じである場合には、節点は主点と一致することがわかっています。

　主平面は、2枚のレンズだけでなく、3枚以上のレンズからなるレンズ系や厚肉レンズでも同様に定義できます。3枚

以上のレンズからなるレンズ系でも、まずそれぞれのレンズの光線行列と移行行列を掛け算して「レンズ系全体の光線行列」を求めます。次に、その光線行列の対角要素AとDがともに1になるように主平面の位置を決めます。こうすれば、一見複雑に見えるレンズ系も、2つの主平面からなる1枚の薄肉レンズとして扱えます。

■厚肉両凸レンズの光線行列

次に1枚の厚肉両凸レンズの光線行列も導いておきましょう。この場合の光線行列は、右から左に

「左に凸の球面」での屈折行列
× 「厚さdのレンズ」内の移行行列
× 「右に凸の球面」での屈折行列

とかけることになります。空気の屈折率を1としガラスの屈折率をnとすると、光線行列は（5-6）式、（5-8）式と（5-11）式を使って

$$\begin{pmatrix} y_2 \\ \theta_2 \end{pmatrix} = \begin{pmatrix} 1 & 0 \\ -\dfrac{1-n}{R_2} & n \end{pmatrix} \begin{pmatrix} 1 & d \\ 0 & 1 \end{pmatrix} \begin{pmatrix} 1 & 0 \\ -\dfrac{n-1}{R_1 n} & \dfrac{1}{n} \end{pmatrix} \begin{pmatrix} y_1 \\ \theta_1 \end{pmatrix}$$

$$= \begin{pmatrix} 1 & 0 \\ \dfrac{n-1}{R_2} & n \end{pmatrix} \begin{pmatrix} 1 - d\dfrac{n-1}{R_1 n} & \dfrac{d}{n} \\ -\dfrac{n-1}{R_1 n} & \dfrac{1}{n} \end{pmatrix} \begin{pmatrix} y_1 \\ \theta_1 \end{pmatrix}$$

第５章　近軸近似と光線追跡

$$
= \begin{pmatrix} 1 - d\dfrac{n-1}{R_1 n} & \dfrac{d}{n} \\ \dfrac{n-1}{R_2} + \dfrac{1-n}{R_2}d\dfrac{n-1}{R_1 n} - n\dfrac{n-1}{R_1 n} & \dfrac{n-1}{R_2}\dfrac{1}{n}d + 1 \end{pmatrix} \begin{pmatrix} y_1 \\ \theta_1 \end{pmatrix}
$$

$$
= \begin{pmatrix} 1 - \dfrac{n-1}{R_1 n}d & \dfrac{d}{n} \\ \dfrac{n-1}{R_2} - \dfrac{n-1}{R_1} - \dfrac{n-1}{R_2}d\dfrac{n-1}{R_1 n} & \dfrac{n-1}{R_2 n}d + 1 \end{pmatrix} \begin{pmatrix} y_1 \\ \theta_1 \end{pmatrix}
$$

$$
= \begin{pmatrix} 1 - \dfrac{n-1}{R_1 n}d & \dfrac{d}{n} \\ (n-1)\left(\dfrac{1}{R_2} - \dfrac{1}{R_1} - \dfrac{n-1}{R_1 R_2 n}d \right) & 1 + \dfrac{n-1}{R_2 n}d \end{pmatrix} \begin{pmatrix} y_1 \\ \theta_1 \end{pmatrix} \quad (5\text{-}26)
$$

となります。レンズの厚さdを考慮したこの光線行列を**厚肉レンズ**の光線行列と呼びます。

　レンズの厚さdを無視する薄肉近似では、(5-26) 式でd＝0とおいて

$$
\begin{pmatrix} y_2 \\ \theta_2 \end{pmatrix} = \begin{pmatrix} 1 & 0 \\ (n-1)\left(\dfrac{1}{R_2} - \dfrac{1}{R_1} \right) & 1 \end{pmatrix} \begin{pmatrix} y_1 \\ \theta_1 \end{pmatrix}
$$

となります。これを (5-15) 式の薄肉レンズの光線行列と比べると

$$
\frac{1}{f} = (n-1)\left(\frac{1}{R_1} - \frac{1}{R_2} \right) \quad (5\text{-}27)
$$

143

が得られます。これは、レンズの2つの面の曲率半径R_1, R_2と焦点距離fの関係を表す式です。右辺の$\left(\dfrac{1}{R_1} - \dfrac{1}{R_2}\right)$はレンズの曲率を表す項で、凸レンズでは正になり、凹レンズでは負になります。

左辺にガウスのレンズ公式である（2-3）式を使うと

$$\frac{1}{s} + \frac{1}{s'} = (n-1)\left(\frac{1}{R_1} - \frac{1}{R_2}\right)$$

となりますが、これを**レンズメーカーの式**と呼びます。

■厚肉レンズの主点と主平面

この厚肉レンズの主点と主平面も先ほどの2枚の薄肉レンズの場合と同様に扱えます。図5-10に模式的にレンズを書きました。このように両凸レンズの内側に2つの主平面を考えます。レンズの左の表面から前側主平面までの距離をtとし、レンズの右の表面から後側主平面までの距離をt'とします。近軸近似では光軸に近い光路を考えるので、これらの距離はレンズの頂点と主平面との距離と同じとみなせます。よって、$\overline{V_0 S_0} = t$（>0）で$\overline{V_0' S_0'} = t'$（$<0$）とします。

この2つの主平面に挟まれた部分が実効的にレンズと同じ働きをするものとして、この光線行列を

$$\begin{pmatrix} A & B \\ C & D \end{pmatrix}$$

と置きます。レンズの左の表面から前側主平面までは移行行列

第5章　近軸近似と光線追跡

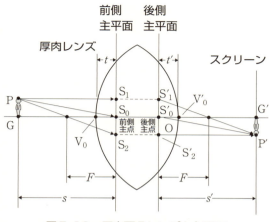

図5-10　厚肉両凸レンズと主平面

$$\begin{pmatrix} 1 & t \\ 0 & 1 \end{pmatrix}$$

で表されます。また、後側主平面からレンズの右側の表面までは移行行列

$$\begin{pmatrix} 1 & -t' \\ 0 & 1 \end{pmatrix}$$

で表されます。よって、図5-10のモデルの凸レンズの光線行列は

$$\begin{pmatrix} 1 & -t' \\ 0 & 1 \end{pmatrix} \begin{pmatrix} A & B \\ C & D \end{pmatrix} \begin{pmatrix} 1 & t \\ 0 & 1 \end{pmatrix}$$

となります。これが、厚肉レンズの光線行列である（5-

26) 式の行列と等しいので

$$
\begin{pmatrix}
1 - \dfrac{n-1}{R_1 n}d & \dfrac{d}{n} \\[3mm]
(n-1)\left(\dfrac{1}{R_2} - \dfrac{1}{R_1} - \dfrac{n-1}{R_1 R_2 n}d\right) & 1 + \dfrac{n-1}{R_2 n}d
\end{pmatrix}
$$

$$
= \begin{pmatrix} 1 & -t' \\ 0 & 1 \end{pmatrix}\begin{pmatrix} A & B \\ C & D \end{pmatrix}\begin{pmatrix} 1 & t \\ 0 & 1 \end{pmatrix} \tag{5-28}
$$

となります。以下では（5-28）式の左辺の行列の2行1列の要素を

$$
-\frac{1}{F} \equiv (n-1)\left(\frac{1}{R_2} - \frac{1}{R_1} - \frac{n-1}{R_1 R_2 n}d\right) \tag{5-29}
$$

と置きます。

移行行列の逆行列はそれぞれ

$$
\begin{pmatrix} 1 & t \\ 0 & 1 \end{pmatrix}^{-1} = \begin{pmatrix} 1 & -t \\ 0 & 1 \end{pmatrix}, \quad \begin{pmatrix} 1 & -t' \\ 0 & 1 \end{pmatrix}^{-1} = \begin{pmatrix} 1 & t' \\ 0 & 1 \end{pmatrix}
$$

なので、（5-28）式の両辺にこの逆行列をそれぞれ右と左からかけます。すると、（5-28）式の右辺は

$$
\begin{pmatrix} 1 & t' \\ 0 & 1 \end{pmatrix}\begin{pmatrix} 1 & -t' \\ 0 & 1 \end{pmatrix}\begin{pmatrix} A & B \\ C & D \end{pmatrix}\begin{pmatrix} 1 & t \\ 0 & 1 \end{pmatrix}\begin{pmatrix} 1 & -t \\ 0 & 1 \end{pmatrix} = \begin{pmatrix} 1 & 0 \\ 0 & 1 \end{pmatrix}\begin{pmatrix} A & B \\ C & D \end{pmatrix}\begin{pmatrix} 1 & 0 \\ 0 & 1 \end{pmatrix}
$$

$$
= \begin{pmatrix} A & B \\ C & D \end{pmatrix}
$$

となります。（5-28）式の左辺に同様に逆行列をかけるとこれに等しいので

第5章　近軸近似と光線追跡

$$
\begin{pmatrix} A & B \\ C & D \end{pmatrix} = \begin{pmatrix} 1 & t' \\ 0 & 1 \end{pmatrix} \begin{pmatrix} 1 - \dfrac{n-1}{R_1 n}d & \dfrac{d}{n} \\ -\dfrac{1}{F} & 1 + \dfrac{n-1}{R_2 n}d \end{pmatrix} \begin{pmatrix} 1 & -t \\ 0 & 1 \end{pmatrix}
$$

$$
= \begin{pmatrix} 1 & t' \\ 0 & 1 \end{pmatrix} \begin{pmatrix} 1 - \dfrac{n-1}{R_1 n}d & -t + t\dfrac{n-1}{R_1 n}d + \dfrac{d}{n} \\ -\dfrac{1}{F} & \dfrac{t}{F} + 1 + \dfrac{n-1}{R_2 n}d \end{pmatrix}
$$

$$
= \begin{pmatrix} 1 - \dfrac{n-1}{R_1 n}d - \dfrac{t'}{F} & -t + t\dfrac{n-1}{R_1 n}d + \dfrac{d}{n} + t'\left(\dfrac{t}{F} + 1 + \dfrac{n-1}{R_2 n}d\right) \\ -\dfrac{1}{F} & \dfrac{t}{F} + 1 + \dfrac{n-1}{R_2 n}d \end{pmatrix}
$$

となります。ここでtとt'は任意性があるので、この行列の対角要素A, Dがそれぞれ1になるように選ぶことにします。この条件は

$$
A = 1 - \frac{n-1}{R_1 n}d - \frac{t'}{F} = 1, \quad D = \frac{t}{F} + 1 + \frac{n-1}{R_2 n}d = 1
$$

です。よって、

$$
t = -\frac{n-1}{R_2 n}Fd \tag{5-30}
$$

$$
t' = -\frac{n-1}{R_1 n}Fd \tag{5-31}
$$

が得られます。このとき、非対角要素Bに（5-30）式と（5-31）式を代入し、$D = 1$を使うと

$$B = -t + t\frac{n-1}{R_1 n}d + \frac{d}{n} + t'D$$

$$= \frac{n-1}{R_2 n}Fd - \frac{n-1}{R_2 n}Fd\frac{n-1}{R_1 n}d + \frac{d}{n} - \frac{n-1}{R_1 n}Fd$$

$$= Fd\frac{n-1}{n}\left(-\frac{1}{R_1} + \frac{1}{R_2} - \frac{n-1}{R_1 R_2 n}d + \frac{1}{F(n-1)}\right)$$

となり、(5-29) 式を代入すると

$$= 0$$

になります。よって、

$$\begin{pmatrix} A & B \\ C & D \end{pmatrix} = \begin{pmatrix} 1 & 0 \\ -\dfrac{1}{F} & 1 \end{pmatrix}$$

となります。これは薄肉レンズの光線行列と同じ形をしています。この F が主平面から測った焦点距離とみなせることは、先ほどの2枚の薄肉レンズの場合と同様に計算すれば、証明できます。よって厚肉レンズも2つの主平面からなる1枚の薄肉レンズとして扱えます。

■カール・ツァイスとアッベとショット

　世界で最も有名な光学機器メーカーと言うと、光学機器に詳しい方の多くがドイツのカール・ツァイス社の名をあげることでしょう。カール・ツァイス社の創業者は、社名と同じカール・ツァイスです。ツァイスは1816年に生まれてレンズ職人となり30歳で自分の工房を持つようになりました。

第5章 近軸近似と光線追跡

創業初期の製品は顕微鏡とそのレンズで、40代のころにはテューリンゲン州の産業博覧会で賞をとるようになりました。しかし、当時の顕微鏡の設計は経験則に基づくもので改良の指針を得るのに苦労していました。そこでツァイスは、1866年にイエナ大学のアッベを訪問し協力を求めました。

アッベはツァイスより24歳若い1840年の生まれです。ゲッティンゲン大学の卒業後に、イエナ大学で教員になり1870年に教授になりました。アッベの協力により、レンズの設計は大幅に改善され、顕微鏡の性能が飛躍的に向上しました。このめざましい貢献の結果、約10年後の1875年にはツァイスは共同経営への参加をアッベに求めました。

カール・ツァイス社の顕微鏡は倍率の高い鮮明な像を映し出すことからコッホらによる細菌学の研究に多大な貢献をしました。コッホは、1876年に炭疽症の病原体である炭疽菌を特定し、1882年には結核の病原体である結核菌を発見し

カール・ツァイス

アッベ（旧東ドイツの切手）
当時のカール・ツァイス社の商標も描かれている。

ました。コッホは、これらの病気の原因が細菌であることを証明しましたが、これによって細菌学の幕が開きました。コッホはツァイスに送った手紙の中でツァイス社の優れた顕微鏡について感謝の言葉を述べています。

　光学機器の改良にはレンズを構成するガラスの改良も不可欠です。後にガラスメーカーのSCHOTT社の創業者となるショットの協力が1880年ごろから得られるようになりました。ショットはアッベより11歳若い1851年の生まれで、ヴュルツブルク大学とライプツィヒ大学で学んで1875年に博士号を取得しました。ショットのガラス改良の貢献は大きく1884年にはカール・ツァイス社の経営にも参加しています。やがてクラウンガラスを発明したショットとアッベの協力により色収差のないアポクロマートレンズが1886年に発明されました。SCHOTT社は様々なガラス材を開発し、世界で最も著名なガラスメーカーの一つになりました。

　カール・ツァイスが亡くなったのは1888年で、その翌年に、アッベはカール・ツァイス財団を設立し、ツァイス社を財団の所属に変えました。アッベが亡くなったのは1905年のことです。1919年にはSCHOTT社もカール・ツァイス財団の所属に変わりました。ショットが亡くなったのは1935年のことです。カール・ツァイス、アッベ、ショットらの活躍は、ドイツの光学機器を世界トップの座に長く君臨させることになりました。

ショット

第5章　近軸近似と光線追跡

　現在もカール・ツァイス社とSCHOTT社は世界的な先端企業です。たとえば、筆者の研究分野に近い半導体産業では、LSI（大規模集積回路）の製造に露光装置を使います。露光装置は、感光材を塗布した半導体基板の表面に回路図を転写するために使われますが、可能な限り微細な回路を効率よく転写することが求められます。1995年ごろには、日本のニコンとキヤノンが世界の露光装置の約7割のシェアを持っていましたが、2015年現在では、オランダのASML社がシェアの約8割を握っています。このASML社製の露光装置の光学系はカール・ツァイス社が担っています。

　さて、本章では行列を使った光線追跡法を理解しました。この光線追跡法は、現在のコンピューターを使った光学系の設計では大活躍しています。ただし、近軸近似ではなく、精度の高い数値計算が行われています。一方で数値計算の欠点は、単純なプログラムミスやデータの入力ミスがあったとしてもその間違いの発見が容易ではないことです。簡略化された近軸近似で光学系の特性をあらかじめ抑えておけば、数値計算でのミスを発見しやすくなるし、個々のレンズの物理的性質の把握も容易になります。レンズの物理的特性を把握せずに、やみくもに数値計算の結果を信じてしまうというのは、最も避けるべき事態です。本書をここまで読んでいただいた読者の方にはそのような心配はないことでしょう。さて、これで幾何光学の基本はマスターしました。大いなる進歩であると言えるでしょう。次章からは、次のステップである波動光学に入ります。

光学の巨人たち

　光学の巨人たちを図5-11の年表に並べてみました。近代科学の開拓者であるガリレオやニュートンらは、光学だけでなく力学の創設者でもあります。光学と力学の学問的な距離は必ずしも近いとは言えないのですが、ほぼ同時期に発展したことを見ると、科学者たちにとってこの2つの物理学の分野が共に身近でとても重要なテーマであったことがわかります。

　光学を専門とする科学者となると時代はかなり下がって、19世紀のアッベらになります。この年表には1900年以降に活躍した科学者が記されていませんが、それは、光学の研究者がいなかったわけではありません。本書のレベルを超える光学のさらなる進展に興味のある方は、本書の読了後にさらに専門書にお進みください。

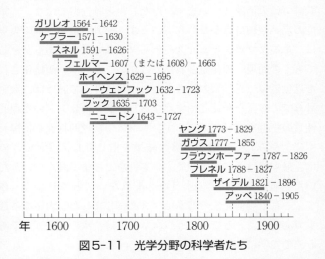

図5-11　光学分野の科学者たち

第6章

波としての光
― 波長、屈折率、光路長
（アイコナール）の関係 ―

■波としての光

ここまでは光を**幾何光学**で扱ってきました。しかし、光には「波としての性質」もあります。そこで本章では、

波動光学で光の現象を理解する

という一段ステップが上がった光学に挑戦しましょう。

波としての性質を理解するために、まず、図6-1をご覧下さい。この図は屈折率が一様な媒質中をz方向に進む波を表していますが、波の位相が同じである各場所をつないだ面（図では点線で囲った面）を**波面**と呼びます。また、図6-1の波のように光の波面が平面である波を**平面波**と呼びます。図6-1のように屈折率が一様な媒質中の平面波では光の進行方向と波面は直交しています。

光は電磁波なので、電界の波と磁界の波が組み合わさった

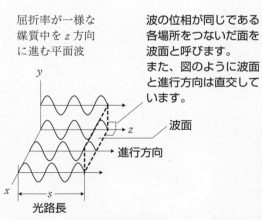

図6-1　平面波

第6章　波としての光——波長、屈折率、光路長（アイコナール）の関係

波です。図6-1の波は、電界の波または磁界の波のどちらか
を表しているとお考え下さい。本書では説明を割愛します
が、光の強度Iは、この電界の波Eの2乗に比例します（電
磁気学で学びます）。

$$I \propto E^2$$

図6-1の平面波を表す式としては次のようなサイン波を使
います。

$$E_y(z, t) = E_0 \sin(kz - \omega t) \qquad (6\text{-}1)$$

ここで、ωは角振動数で、kは波数です。角振動数 $\overset{\text{オメガ}}{\omega}$ は、
1秒あたりの波の振動数fに2πをかけた量で$\omega = 2\pi f$です。
また波数kは、波長をλとすると、$k = \dfrac{2\pi}{\lambda}$ で定義される量
です。

図6-2は（6-1）式の波を時間$t = 0$, $t = \dfrac{\pi}{\omega}$, $t = \dfrac{2\pi}{\omega}$ の3つ
の場合のグラフで表しています。この図からわかるように、
1波長λ進むのに時間は$\dfrac{2\pi}{\omega}$ 要しています。したがって、こ
の波が進む速さvは、1波長λを時間$\dfrac{2\pi}{\omega}$ で割って$k = \dfrac{2\pi}{\lambda}$ の
関係を使うと

$$v = \frac{\lambda}{\dfrac{2\pi}{\omega}} = \frac{\lambda\omega}{2\pi} = \frac{\omega}{k}$$

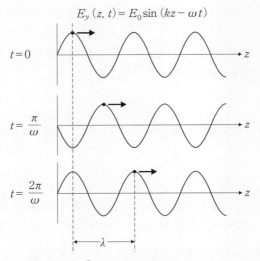

波は、時間 $t=\frac{2\pi}{\omega}$ で、1波長 λ 進みます。

図6-2 サイン波の伝搬

となります。

■光が波であるという性質を使ってスネルの法則を導く

光が波であるという性質を使ってスネルの法則を説明できます。ホイヘンスは、光が「ある媒質」から「別の媒質」に入射した場合に、

光の振動数は変わらず、どの媒質中でも同じ

であると考えました。振動数 f とは単位時間（1秒間）あたりの波の数です。たとえば、ある光が、空気中から水中に入

第6章　波としての光──波長、屈折率、光路長（アイコナール）の関係

射し、水中からガラス中に入射したとすると、光の振動数は空気中や水中それにガラス中でも同じです。

$$f_{真空} = f_{空気中} = f_{水中} = f_{ガラス中}$$

一方、真空中の波長をλ_0とすると、

屈折率nの媒質の中での波長は $\dfrac{\lambda_0}{n}$ になる

と考えました。たとえば、水の屈折率が1.3であれば、「真空中での波長λ_0が1μmである光」の水中での波長λ_nは

$$\lambda_n = \frac{\lambda_0}{n} = \frac{1\mu m}{1.3} = 0.77\mu m$$

になります。よって、屈折率nの媒質中の光速c_n（＝1秒間あたりに進む光の距離＝波長×振動数）は、真空中での光速をc_0（＝$\lambda_0 \times f$）とすると以下のように $\dfrac{c_0}{n}$ になります。

$$c_n = \lambda_n \times f = \frac{\lambda_0}{n} \times f = \frac{\lambda_0 f}{n} = \frac{c_0}{n}$$

つまり、

媒質中の光速＝真空中の光速÷屈折率

です。

この考え方で屈折を考えてみましょう。図6-3では空気中から水面に斜めに入射した平面波が書かれています。空気と水の屈折率をn_1とn_2とし、真空中の波長をλとします。実線は、水面の位置A, B, Cに入射する3つの光路を書いてい

157

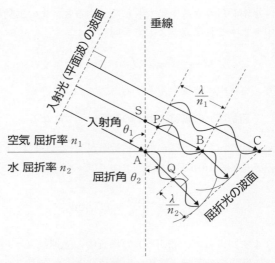

図6-3 スネルの法則を「波の性質」を使って導く

ますが、それぞれの水面に到達するまでの光路の長さは空気中で1波長ずつ異なっています。水面の位置Bに到達する光は、水面の位置Aに到達する光より空気中で1波長分の光路が長く、水面の位置Cに到達する光は、水面の位置Bに到達する光より空気中で1波長分の光路が長くなっています。ここでは水面の位置Cに光が到達した瞬間を考えることにしましょう。このとき位置Aで屈折した光はすでに水中を2波長分進んでいるはずです。そこで、位置Aを中心にして半径 $\dfrac{2\lambda}{n_2}$ の円を書きます。次に位置Bで屈折した光を考えると、このときすでに水中を1波長分進んでいるはずです。そ

第6章 波としての光——波長、屈折率、光路長（アイコナール）の関係

こで、位置Bを中心にして半径 $\dfrac{\lambda}{n_2}$ の円を書きます。水中での平面波の波面はこの2つの円に接して点Cを通る直線になると考えられるので、この波面は図中の水中の点線になります。

入射角と屈折角の関係を求めましょう。このとき図中の距離 $\overline{AB}$ と入射角 θ_1、それに空気中の波長 $\dfrac{\lambda}{n_1}$ との間には、図からわかるように以下の関係があります。

$$\frac{\lambda}{n_1} = \overline{PB} = \overline{AB}\sin \angle PAB = \overline{AB}\sin\theta_1 \quad \therefore \overline{AB} = \frac{\lambda}{n_1 \sin\theta_1}$$

ここでは、

$$90 \text{度} = \theta_1 + \angle SAP = \angle SAP + \angle PAB$$

の関係から得られる $\theta_1 = \angle PAB$ の関係を利用しました。また、同様に図中の距離 $\overline{AB}$ と屈折角 θ_2、それに水中の波長 $\dfrac{\lambda}{n_2}$ とは次の関係があります。

$$\frac{\lambda}{n_2} = \overline{AQ} = \overline{AB}\sin \angle QBA = \overline{AB}\sin\theta_2 \quad \therefore \overline{AB} = \frac{\lambda}{n_2 \sin\theta_2}$$

ここでは、

$$90 \text{度} = \theta_2 + \angle QAB = \angle QAB + \angle QBA$$

の関係から得られる $\theta_2 = \angle QBA$ の関係を利用しました。両式から

$$\overline{AB} = \frac{\lambda}{n_1 \sin \theta_1} = \frac{\lambda}{n_2 \sin \theta_2}$$

となり

$$\therefore\ n_1 \sin \theta_1 = n_2 \sin \theta_2$$

とスネルの法則が導かれました。

　第1章にホイヘンスの著書『Traité de la lumière』のスネルの法則の説明図がありますが、水面下に書かれた半円や格子は水中で進んだ光の到達範囲が何波長分であるかを示しています。図6-3では界面の点Aや点Bを中心とする「半径が2波長分と1波長分の円」を描きましたが、ホイヘンスは、

光の波は、このような「点から発して球面状に広がる波＝球面波」の重なりによってできている

と考えました。これを**ホイヘンスの原理**と呼びます。ホイヘンスの原理では、平面波も多数の球面波の重ね合わせによって生じると考えますが、この考え方を使えば多くの光学現象の説明が可能になります。たとえば、反射の法則も「鏡の表面での多数の球面波の重ね合わせによって反射波が生じる」と考えて屈折の場合と同様に作図すると、(1-1) 式の反射の法則 ($\theta_1 = \theta_2$) が説明できます。

■光路長

　光路に沿った "光学的な長さ" を**光路長**と呼びます。光路が直線になる（すなわち光線が直進する）のは媒質の屈折率が一様な場合です。一方、屈折率が変化している場合はスネ

第6章　波としての光——波長、屈折率、光路長（アイコナール）の関係

ルの法則に従って光路は曲がります。図6-1のように屈折率が一様な媒質中を進む平面波では光路は直線です。前節で見たように屈折率nの媒質中の光速は$\dfrac{c_0}{n}$なので、この媒質中の距離Lを通過するのに要する時間tは

$$t = \frac{L}{\dfrac{c_0}{n}} = \frac{nL}{c_0}$$

となります。この式の右辺の分母は真空中の光速c_0なので、分子のnLは時間tの間に真空中を進む距離に対応します。よって、光路長の値としては真空中での距離に換算したnLを使うことにします。

　光路長sをx, y, zの3つの座標の関数として書くと表記は$s(x, y, z)$になりますが、図6-1のz方向に進む平面波では、媒質の屈折率がnのときの光路長は単純に

$$s(x, y, z) = nz$$

で表されます。この平面波はz方向のみに進んでいるので、xやyの項は式に含まれていません。これをx, y, zで微分すると、

$$\frac{\partial s(x, y, z)}{\partial x} = 0$$

$$\frac{\partial s(x, y, z)}{\partial y} = 0$$

$$\frac{\partial s(x, y, z)}{\partial z} = n$$

161

となります。なおこのように関数の変数が複数ある場合にそのうちの一つの変数で微分することを**偏微分**と呼びます。偏微分では、xで微分する際にはyやzは定数であるかのように扱いますが、それ以外は微分の公式も従来と同じです。微分の記号はdから∂に変わり、読み方は「ディー」と読んだり「ラウンドディー（まるいディーの意）」と読んだりします。

　この3つの式を要素とするベクトルを書くと、

$$\left(\frac{\partial s}{\partial x}, \frac{\partial s}{\partial y}, \frac{\partial s}{\partial z}\right) = (0, 0, n)$$

となり、これは光の進行方向（z方向）と一致します（ここで光路長を表す$s(x, y, z)$は(x, y, z)を省略してsと表記しています）。そこで、光の進行方向の単位ベクトルを$\vec{e} = (e_x, e_y, e_z)$で表すことにすると、前式の両辺を$n$で割って

$$\left(\frac{1}{n}\frac{\partial s}{\partial x}, \frac{1}{n}\frac{\partial s}{\partial y}, \frac{1}{n}\frac{\partial s}{\partial z}\right) = (0, 0, 1) = (e_x, e_y, e_z) \quad (6\text{-}2)$$

が成り立つことがわかります。

　この（6-2）式はz方向に進む波だけでなく、他の方向に進む波でも成り立つことを別の例で確認しておきましょう。たとえば、原点を出発して$(1, 1, 1)$方向に進む平面波を考えてみます。$(1, 1, 1)$方向の座標(x, y, z)に到達した光の原点からの距離は三平方の定理により$\sqrt{x^2 + y^2 + z^2}$なので光路長sはこれに屈折率nをかけて

$$s(x, y, z) = n\sqrt{x^2 + y^2 + z^2} = n\left(x^2 + y^2 + z^2\right)^{\frac{1}{2}}$$

第6章 波としての光——波長、屈折率、光路長（アイコナール）の関係

となります。この光路長 s を（6-2）式の左辺の x 成分に代入すると

$$\frac{1}{n}\frac{\partial s(x,y,z)}{\partial x} = \frac{1}{n}\frac{\partial}{\partial x}\left\{n\left(x^2+y^2+z^2\right)^{\frac{1}{2}}\right\}$$

$$= \frac{1}{n}\cdot\frac{n}{2}\left(x^2+y^2+z^2\right)^{-\frac{1}{2}}\cdot 2x$$

$$= \frac{x}{\sqrt{x^2+y^2+z^2}}$$

となります。同様に y 成分と z 成分も計算すると、（6-2）式の左辺は

$$\left(\frac{x}{\sqrt{x^2+y^2+z^2}},\ \frac{y}{\sqrt{x^2+y^2+z^2}},\ \frac{z}{\sqrt{x^2+y^2+z^2}}\right)$$

となります。これは（1, 1, 1）方向に進むベクトルであり、次式のように大きさは1なので

$$x\,成分の2乗 + y\,成分の2乗 + z\,成分の2乗 = 1$$

$$\left(\frac{x}{\sqrt{x^2+y^2+z^2}}\right)^2 + \left(\frac{y}{\sqrt{x^2+y^2+z^2}}\right)^2 + \left(\frac{z}{\sqrt{x^2+y^2+z^2}}\right)^2 = 1$$

このベクトルが平面波の進行方向の単位ベクトルであり、（6-2）式の右辺に等しいことが確認できます。

　光の進行方向をベクトル $\vec{a}=\left(a_x, a_y, a_z\right)$ で表すことにすると、これらの例から（6-2）式は次のように表せることがわかります。

$$\mathrm{grad}\ s \equiv \left(\frac{\partial s}{\partial x},\ \frac{\partial s}{\partial y},\ \frac{\partial s}{\partial z}\right) = \left(a_x, a_y, a_z\right) = \vec{a} = n\vec{e}$$

または

$$\vec{e} = \frac{1}{n}\vec{a} = \frac{1}{n}\text{grad } s \qquad (6\text{-}3)$$

ここで登場した記号gradは、**グラジエント**（gradient）と呼ばれるベクトルの演算で、日本語では勾配と呼びます。勾配という名の通りに、関数sのx, y, z方向の傾きを表します。この（6-3）式は

光の進行方向の単位ベクトル = $\dfrac{\text{光路長（アイコナール）の勾配}}{\text{屈折率}}$

という重要な関係を表しています。光路長を座標（x, y, z）の関数としてs(x, y, z)として表すとき、これを**（点）アイコナール**や**ハミルトンの特性関数**（characteristic function）とも呼びます。これらの言葉は少しレベルの高い光学の解説書には登場するので、「アイコナール」等の言葉を聞いても驚かないようにしましょう。ちなみにアイコナールの語源はギリシア語で「像」を表し、英語にはicon（アイコン）という単語として残っています。

（6-3）式の左辺と右辺のそれぞれの内積をとると、左辺は

$$\vec{e} \cdot \vec{e} = 1$$

となり、右辺は

$$\frac{1}{n}\text{grad } s \cdot \frac{1}{n}\text{grad } s = \frac{1}{n^2}|\text{grad } s|^2$$

となるので、「左辺＝右辺」の関係から

第6章 波としての光──波長、屈折率、光路長（アイコナール）の関係

$$|\text{grad } s|^2 = n^2 \qquad (6\text{-}4)$$

が得られます。この式は**アイコナール方程式**と呼ばれ、光学で最も重要な式の一つです。

■ フェルマーの原理

　光学は著名な物理学者や数学者が関心を持ち研究した物理学の主要な分野です。近代光学の発展の最初期にフランスの数学者フェルマー（1607または1608〜1665）が発見したのがフェルマーの原理です。フェルマーは法律家として生計を立てていたので数学や物理学の研究は余暇に取り組みました。

　フェルマーの名を有名にしているのは、数学のフェルマーの最終定理です。3世紀のアレクサンドリアの数学者ディオファントスの著書『Arithmetica（算術）』をフェルマーは研究し、欄外に48の注釈を書き込みました。フェルマーの没後に、息子が注釈部分も活字化して『Arithmetica』を再出版してからこれらの注釈が有名になりました。そのうち47の注釈については後世の数学者によってその正否が明らかになりましたが、20世紀の後半になっても1つだけ証明されない定理が残りました。また、フェルマーが「この証明の信じられないほどすばらしい解法を見つけたが、ここには書きこむマージン（余白）がない」と

フェルマー

いう言葉を残したことによって多くの数学者の関心を掻き立てることになりました。この定理は

自然数$n(\geq 3)$の場合に、
$x^n + y^n = z^n$を満たす自然数x, y, zは存在しない

という簡単なものですが、これがフェルマーの最終定理と呼ばれるようになりました。しかし、この証明は困難を極め、1995年にイギリスのワイルズ（1953〜）によって証明されました。

光学の分野で有名なフェルマーの原理は「光は所要時間が最短になる経路（正確には極小になる経路）をとる」というものです。もちろん、光が点Aから点Bに進むときに、所要時間が最短になるように光が考え・ながら・進む・というわけではありません。ここではフェルマーの原理に基づいてスネルの法則を導いてみましょう。図6-4のように原点Oと点A,

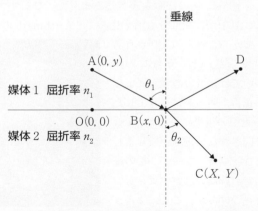

図6-4 フェルマーの原理でスネルの法則を導く

第6章　波としての光——波長、屈折率、光路長（アイコナール）の関係

B, C、それに各座標をとることにします。このとき点Aから点Bまでの距離は

$$\sqrt{x^2 + y^2}$$

であり、点Bから点Cまでの距離は

$$\sqrt{(X - x)^2 + Y^2}$$

です。それぞれの媒質での光速は $\dfrac{c}{n_1}$ と $\dfrac{c}{n_2}$ なので（c は真空中の光速）、点Aから点Cにいたるのに要する時間は

$$\frac{\sqrt{x^2 + y^2}}{\dfrac{c}{n_1}} + \frac{\sqrt{(X - x)^2 + y^2}}{\dfrac{c}{n_2}}$$

となります。さてフェルマーの原理に基づくと、この時間が最小になる界面上の点Bの座標 x は、これを x で微分してゼロになる（これを「極小になる」と表現します）ところなので

$$0 = \frac{d}{dx}\left\{ \frac{n_1}{c}\sqrt{x^2 + y^2} + \frac{n_2}{c}\sqrt{(X - x)^2 + y^2} \right\}$$

$$= \frac{n_1 x}{c\sqrt{x^2 + y^2}} - \frac{n_2(X - x)}{c\sqrt{(X - x)^2 + y^2}}$$

から

$$\frac{n_1 x}{\sqrt{x^2 + y^2}} = \frac{n_2(X - x)}{\sqrt{(X - x)^2 + y^2}}$$

が得られます。ここで、

$$\sin\theta_1 = \frac{x}{\sqrt{x^2 + y^2}} \quad \text{と} \quad \sin\theta_2 = \frac{X - x}{\sqrt{(X - x)^2 + Y^2}}$$

の関係を使うと、スネルの法則

$$n_1 \sin\theta_1 = n_2 \sin\theta_2$$

が得られます。

　反射の場合も同様にして点Aから点Bを経由して点Dにいたる光路で同様の計算を行えば、（1-1）式の反射の法則を求められます。

　先ほどは、ホイヘンスの原理を使って屈折や反射の法則を導きました。このとき、界面で発生した「複数の球面波」の位相がそろう波面を幾何学的に求めました。ホイヘンスの原理に基づいて位相のそろう光路を求めると、ここで見たように屈折の場合も反射の場合も光路長は極小になってフェルマーの原理を満たします。つまり、「ホイヘンスの原理を使って位相が複数の球面波のそろう光路を求めること」と「光路長が極小になるというフェルマーの原理」は実質的に等価であるということになります。

　なお、数学のレベルが少し高くなりますが、フェルマーの原理と（6-3）式のアイコナール方程式が等しいことを示すことが可能です。また、本書では平面波の持つ性質を帰納法的に推測することによってアイコナール方程式を導入しましたが、一般には電磁気学で学ぶ電磁波の方程式に、ある種の近似を行ってアイコナール方程式を導きます。

第6章　波としての光——波長、屈折率、光路長（アイコナール）の関係

■マクスウェルの方程式からスネルの法則を導く

　本章の最後で、マクスウェルの方程式を使って反射の法則とスネルの法則を導いてみましょう。ただし、マクスウェルの方程式をご存じではない場合は、本節は飛ばしてください。本節をスキップしても本書の後半の理解には影響はありません。なお、電磁気学で重要なマクスウェルの方程式は、拙著の『高校数学でわかるマクスウェル方程式』でも解説しました。手に取ってご覧いただくとわかると思いますが、高校数学でわかるシリーズの中では最も平易なのでマクスウェル方程式の理解も難しくないと思います。

　さて、マクスウェルの方程式は4つありますが、反射の法則とスネルの法則の導出には、このうち次式の電磁誘導の法則を使います。

$$\oint \vec{E} \cdot d\vec{r} = -\frac{d}{dt}\int \vec{B} \cdot \vec{n}\,dS$$

　手順としては、まず電磁誘導の法則を使って、2つの媒質の界面での電界の境界条件を導きます。次に、この電界の境界条件を使って、反射の法則とスネルの法則を導きます。

　まず、電界の境界条件を導きましょう。電磁誘導の法則の左辺の積分路として、図6-5に示すように、界面の上側で境界面と平行に左に$-dx$だけ進み、次に界面に垂直に媒質2に$-dy$進み、そして界面の下側で境界面と平行に右にdx進み、最後に界面に垂直に媒質1にdy進む細い長方形状の径路を考えます。界面に垂直な電界の成分（法線成分）はE_{1y}, E_{2y}とし、界面に平行な電界の成分（接線成分）はE_{1x}, E_{2x}とします。すると、電磁誘導の法則の左辺は

169

$$左辺 = -E_{1x}dx - E_{1y}\frac{dy}{2} - E_{2y}\frac{dy}{2} + E_{2x}dx + E_{2y}\frac{dy}{2} + E_{1y}\frac{dy}{2}$$
$$= E_{2x}dx - E_{1x}dx$$

となります。電磁誘導の法則の右辺の $\frac{d}{dt}B$ は有限の値を持っているとします。このとき、dyをゼロに近づけると図6-5の積分範囲の$dS = dx \times dy$がゼロに近づくので電磁誘導の法則の右辺もゼロに近づきます。よって、電磁誘導の法則の右辺はゼロとなり、

$$E_{2x}dx - E_{1x}dx = 0$$
$$\therefore E_{1x} = E_{2x} \qquad (6\text{-}5)$$

となります。したがって、電界の境界面での接線成分のE_{1x}とE_{2x}は等しいということになります。これが境界条件です。

次に、この境界条件を利用して電磁波の反射と屈折を考えてみましょう。図6-6のように異なる媒質の界面上にx軸をとり、界面に垂直な方向にz軸をとります。入射角をθ、反

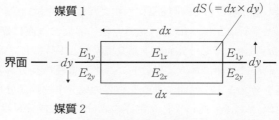

図6-5　界面での電界の境界条件

第6章 波としての光──波長、屈折率、光路長（アイコナール）の関係

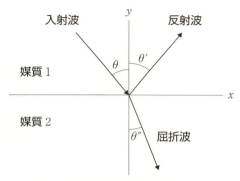

図6-6　x方向の境界条件を使う

射角をθ'、屈折角をθ''とします。入射波、反射波、屈折波のx成分を（6-1）式にならって

入射波　　$E_1(x, y, t) = A \sin(k_x x + k_z y - \omega t)$　　（6-6）
反射波　　$E_2(x, y, t) = B \sin(k'_x x + k'_z y - \omega' t)$　　（6-7）
屈折波　　$E_3(x, y, t) = C \sin(k''_x x + k''_z y - \omega'' t)$　　（6-8）

と表すことにします。

（6-5）式の接線成分の境界条件は、$y = 0$の境界面上で次のようになります。

$$(6\text{-}6)\text{ 式} + (6\text{-}7)\text{ 式} = (6\text{-}8)\text{ 式}$$
$$A \sin(k_x x - \omega t) + B \sin(k'_x x - \omega' t) = C \sin(k''_x x - \omega'' t)$$

この条件が任意の時刻tおよび任意の界面上の場所xで成り立つには、振幅、角振動数と波数のそれぞれについて

$$A + B = C$$
$$\omega = \omega' = \omega'' \tag{6-9}$$
$$k_x = k_x' = k_x'' \tag{6-10}$$

である必要があります。(6-9) 式は角振動数が共通の値 $\omega (= 2\pi f)$ をもつことを意味しています。つまり、本章の冒頭で述べたように、どの媒質中でも振動数 f は同じです。

波数についての次式の関係を使うと（ここで c は光速で f は振動数です）

$$k = \frac{2\pi}{\lambda} = \frac{2\pi f}{c} = \frac{\omega}{c}$$

k_x, k_x', k_x'' は

$$k_x = k \sin\theta \quad = \frac{\omega}{c_1}\sin\theta$$

$$k_x' = k'\sin\theta' \quad = \frac{\omega}{c_1}\sin\theta'$$

$$k_x'' = k''\sin\theta'' = \frac{\omega}{c_2}\sin\theta''$$

となります。c_1 と c_2 はそれぞれ媒質1および媒質2の中での光速です。波数の x 成分が等しいことを意味している（6-10）式に、これらの式を代入すると

$$\frac{\sin\theta'}{c_1} = \frac{\sin\theta}{c_1} = \frac{\sin\theta''}{c_2} \tag{6-11}$$

の関係が得られます。この左側の等式から反射の法則

第6章　波としての光——波長、屈折率、光路長（アイコナール）の関係

$$\theta = \theta'$$

が得られます。また（6-11）式の右側の等式からスネルの法則

$$\frac{\sin\theta}{\sin\theta''} = \frac{c_1}{c_2} \equiv n_{12}$$

が得られます。ここでこの比を媒質1に対する媒質2の**屈折率**と名付けてn_{12}と置くことにします。このように反射の法則とスネルの法則が、「界面に平行な方向の電界」の境界条件から導かれました。

　電磁気学の境界条件には他に、「界面に垂直な方向の電界」の境界条件や磁界の境界条件があります。これらを使うと図1-11の縦偏光と横偏光の水面での反射率が求められます。また、ブリュースター角でP波の反射率がゼロになることも求められます。反射の法則やスネルの法則を求めるには、このように3種類の方法がありますが、電磁気学の境界条件に基づく方法が反射率の値などを求めることができ、より多くの現象を包括的に説明できます。

■無反射コート

　レンズを複数枚使う場合には、レンズ表面と裏面で光が反射するので、レンズを透過するたびに光は弱くなっていきます。次章以降で学ぶ収差の影響を小さくするために、現在のカメラのレンズ系では10枚程度のレンズを使うものが少なくありません。10枚の各レンズごとに表面と裏面の反射が起こると像が暗くなることが予想されます。

空気とガラスの界面での反射率 R は電磁気学によって次式から求められます。この式は屈折率 n_1 と n_2 の媒質の界面に、光が垂直入射する場合です。

$$R = \frac{\left(n_1 - n_2\right)^2}{\left(n_1 + n_2\right)^2}$$

空気とガラスの場合には、$n_1 = 1$ と $n_2 = 1.5$ なので反射率は

$$R = \frac{\left(1 - 1.5\right)^2}{\left(1 + 1.5\right)^2} = \frac{0.5^2}{2.5^2} = \frac{1^2}{5^2} = \frac{1}{25} = 0.04$$

で4％になります。平行平板のガラス1枚を透過する場合には、光強度の96％がガラスに入り、裏面でもこの4％分が反射するので、1枚のガラスを透過後の光の強度は、$0.96 \times 0.96 = 0.9216 = 92.16$％になります。つまり、約8％が損失になります。この調子で5枚のレンズを透過したとすると光の強度は66％、つまり3分の2になります。レンズが10枚だと光の強度は44％、つまり半分以下になります。

そこで、レンズの反射を抑えるために無反射コートが考案されました。最も単純なものは、水とガラスの中間の屈折率である $n = 1.2$ から1.3程度の材料を、波長の4分の1の光路長の厚さだけガラス表面にコートするというものです。この場合の反射を考えると、図6-7のようにコート材の表面で反射する光と裏面で反射する光の光路差が2分の1波長になるので、この2つの光の波は打ち消しあいます。

適切な屈折率のコート材料を使えば、反射率は1％近くまで下げられます。カメラのレンズなどでは、可視光の広い波

第6章 波としての光——波長、屈折率、光路長（アイコナール）の関係

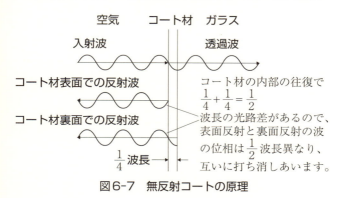

図6-7　無反射コートの原理

長で反射率を抑えることが期待されるので、単層でなく複数の膜を用いるマルチコートが使われています。

　さて、本章では、波が持つ性質についての理解を深めました。カメラや望遠鏡、顕微鏡などでのレンズ系の取り扱いでは、次章で登場する「収差」をいかに減らすかが重要です。この収差の導出には、(6-3) 式が役立ちます。どこで登場するのか、楽しみにしながら次章に進むことにしましょう。

第 7 章

单色像差

■収差

　カメラや望遠鏡のような光学機器で、レンズを使って物体の像を作る場合には、像が鮮明であることが期待されます。しかし、実際の像には、ぼけや歪みが現れます。これらのぼけや歪みの多くは、これから見るレンズの収差によって生まれます。収差には、単色（単一の波長）の光でも発生する**単色収差**とガラスの屈折率が波長によって異なることによって生じる**色収差**の2つがあります。

　光学の歴史において収差の研究を大きく進展させたのは、ドイツのザイデル（1821〜1896）です。ザイデルはドイツ南部のフランス国境に近い町ツヴァイブリュッケンで生まれました。ザイデルは高校卒業後、大学の入学以前にガウスの弟子のシュニュアレンから数学を学びました。1840年にベルリン大学に入学し、1846年にミュンヘン大学で博士号を取得しました。当時のドイツでは学生が大学を移ることが可能で、在学時にはケーニヒスベルグ大学にも移籍し、3つの大学でディリクレ、ベッセル、ヤコビらの錚々たる数学者の下で学びました。1854年にはミュンヘン大学の教授になりました。収差に関する理論を発表したのは1856年のことで、球面収差、コマ収差、非点収差、像面湾曲、歪曲（ディストーション）の5つの収差を導きました。今日ではこれらの5つの収差は**ザイデル収差**と呼ばれています。ザイデルはまた、連立1次方程式の解法であるガウス−ザイデル法にも名を残しています。本章は、そのザイデル収差を見てみましょう。

第7章 単色収差

■ザイデル収差の導出

ザイデル収差を数式を使って導いてみましょう。この導出過程は、次の3つの段階に分けられます。

第1段階は、ザイデル収差を求めるための「光学系のモデル」を理解し、波面収差と呼ばれる収差が次式のように2つの光路長の差として表されること

波面収差 ＝ 参照球面の光路長 － 実波面の光路長

を導くことです。

第2段階は、スクリーン上に現れる光線収差と呼ばれる収差が、前式の波面収差の微分として求められること

光線収差 ＝ 波面収差の微分

を導くことです。

第3段階は、波面収差を表す関数の形を推定し、それを微分して第2段階の式を使って光線収差を求めることです。

では、第1段階にとりかかりましょう。

■第1段階：光学系のモデルを理解し、波面収差が2つの 光路長の差として表されることを導く

まず、光学系のモデルとして図7-1の上図のように光軸（Z軸）に直交する3つの面を想定します。この3つの面は、図の奥から物体平面、瞳面、像平面を表します。この光学

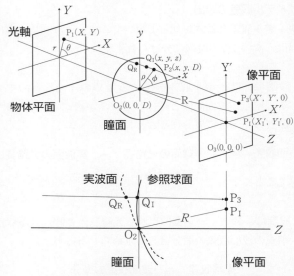

図7-1 ザイデル収差導出のための光学系

系を簡単なカメラに例えるならば、一番奥の物体平面には被写体の絵がかかっていて、一番手前の像平面には撮像素子のCCDやCMOSがあると考えるとよいでしょう。瞳面には、レンズや絞りがあり、それらの直径や開口部の大きさが「光路の（xy方向の）範囲を制限している」と考えるとイメージがつかみやすいと思います。

このとき物体平面上の座標 (X, Y) に位置する物点P_1を出た光が、瞳面上の点$P_2(x, y, D)$ を通過し、像平面上の像点$P_3(X', Y', 0)$ に到達する場合を考えます。この点P_3は収差の影響を受けて実際に光が到達した点を表します。なお、像界（瞳面から像平面までの空間）での座標は像平面の中心

を原点$O_3(0, 0, 0)$ にとることにします。像平面は図7-1で3
番目の面であり、原点の英語はoriginなので記号をO_3としました。像平面と瞳面との距離をDとすると瞳面の原点の座標O_2は $(0, 0, D)$ で表されます。一方、点P_1を発した光が、収差のない理想的な状況で達する像点（**理想像点**または**ガウス像点**と呼びます）を$P_I(X'_I, Y'_I, 0)$ とします。添え字のIは「理想的」を意味する英語idealからとりました。

　像平面上の収差がある場合の実際の像点$P_3(X', Y', 0)$ と理想像点$P_I(X'_I, Y'_I, 0)$ の差を**光線収差**と呼び、

$$(\Delta X', \Delta Y') \equiv (X', Y') - (X'_I, Y'_I) \qquad (7\text{-}1)$$

で定義します。ここで求めたい物理量はこの光線収差です。カメラや望遠鏡などの光学系ではこの収差を（製造コスト等の許容範囲内で）可能な限り小さくするように設計します。

　ここでは、光線が通過する瞳面上の座標 (x, y) の関数として光線収差を求めます。どうして瞳面上の座標 (x, y) が大事なのかというと、

　瞳面上のどの位置を光が通過するかによって
　光線収差の大きさがどのように変わるか

を知ることができるからです。たとえば、カメラなどでは瞳面の位置に「絞り」を設ければその開閉により通過する光路に制限を加えられます。仮に「瞳面の中心（＝光軸）に近い光路ほど、"ある収差"が小さくなる」のであれば、光軸から（xy方向に）離れた光を、絞りを絞ってカットして撮影する方が像が鮮明になることになります。あるいはまた、瞳面のどの位置を通過しても同じ大きさの収差が現れるのであ

れば、「絞り」はその収差の低減には無力であることがわかるので他の方法を考える必要があります。

この光学系のモデルでは、点P_3や点P_Iに集まる光については「光の波としての性質」を使って考察します。この2つの点に到達する光は、瞳面上の様々な経路を経ていますが、図7-1の下図のように瞳面の近くでは像点P_3や理想像点P_Iを中心とする半球の近くに波面があると考えられます。この半球状の波面は進行していくにしたがって収束し、理想的な状況では点P_Iに収束し、現実には収差の影響により点P_3に収束するものと考えられます。理想的な状況での半球状の波面（理想像点P_Iが半球の中心です）を**参照球面**と呼びます。ここでは参照球面として、図7-1の下図のように瞳面の原点O_2が球面上に位置するものを考えることにします。また、この参照球面と実際の光路との交点を点$Q_I(x, y, z)$とします。参照球面の半径をRとすると、点$Q_I(x, y, z)$は半径Rの参照球面上にあるので、

$$\left(x - X_I'\right)^2 + \left(y - Y_I'\right)^2 + z^2 = R^2$$

$$\therefore \quad z = \sqrt{R^2 - \left(x - X_I'\right)^2 - \left(y - Y_I'\right)^2} \qquad (7\text{-}2)$$

の関係が成り立ちます。一方、実際の波面（実波面と呼びます）も、波面上に瞳面の原点O_2があるものについて考えることにし、この実波面と光路との交点をQ_Rとします（添え字のRはreal（実）を意味します）。

ここで瞳面の近くでの**波面収差**を求めてみましょう。波面収差とは実際の光路上での「参照球面と実波面の光路の差」で定義されます。3つの点を$P_1 \rightarrow P_2 \rightarrow P_3$とたどる実際の光路が参照球面と交差する点は先ほど定義したようにQ_Iであ

第7章　単色収差

り、この光路が実波面と交差する点がQ_Rでした。2つの点の間の光路長を記号［　］で表すことにすると、実波面上での点Q_Rでの波面収差$H(x, y, z)$は点P_1から点Q_1までの光路長と、点P_1から点Q_Rまでの光路長の差です。式で書くと

$$H(x, y, z) \equiv [P_1Q_1] - [P_1Q_R]$$

になります。点Q_Rは「点O_2を含む実波面」上にあるので、点P_1からの光路長は点P_1から点O_2までと同じです。よって、$[P_1O_2] = [P_1Q_R]$の関係があるので波面収差は

$$H(x, y, z) \equiv [P_1Q_1] - [P_1O_2] \qquad (7\text{-}3)$$

となります。ちなみに$[P_1O_2]$の光路は$[P_1Q_R]$の光路とは、（点Q_Rが点O_2と重なる場合を除いては）別のルートになります。この（7-3）式が第1段階の終点です。波面収差が2つの光路長の差として表されました。

■第2段階：光線収差が波面収差の偏微分で表されることを導く

　まず、（7-3）式の右辺の光路長を関数で表します。点P_1から点$Q_1(x, y, z)$までの光路長を関数$s(x, y, z)$で表すことにすると（7-3）式の波面収差は

$$H(x, y, z) = s(x, y, z) - s(0, 0, D) \qquad (7\text{-}4)$$

になります。変数はx, y, zの3つありますが、（7-2）式によってzは変数xとyに依存する関数なので、独立な変数はxとyの2つです。また、xとyは互いに独立な変数なので、xをyで微分した場合やその逆の微分は次式のようにゼロにな

183

ります。

$$\frac{\partial y}{\partial x} = 0, \quad \frac{\partial x}{\partial y} = 0$$

次に、(7-4) 式の波面収差を x と y でそれぞれ偏微分します。(7-4) 式の右辺の第2項 $s(0, 0, D)$ は変数 x と y を含まない定数なので、これを x または y で微分すると、どちらもゼロになって消えます。よって

$$\frac{\partial H}{\partial x} = \frac{\partial s}{\partial x} + \frac{\partial y}{\partial x}\frac{\partial s}{\partial y} + \frac{\partial z}{\partial x}\frac{\partial s}{\partial z}$$

$$= \frac{\partial s}{\partial x} + \frac{\partial z}{\partial x}\frac{\partial s}{\partial z} \quad \left(\because \frac{\partial y}{\partial x} = 0\right) \quad (7\text{-}5)$$

$$\frac{\partial H}{\partial y} = \frac{\partial x}{\partial y}\frac{\partial s}{\partial x} + \frac{\partial s}{\partial y} + \frac{\partial z}{\partial y}\frac{\partial s}{\partial z}$$

$$= \frac{\partial s}{\partial y} + \frac{\partial z}{\partial y}\frac{\partial s}{\partial z} \quad \left(\because \frac{\partial x}{\partial y} = 0\right) \quad (7\text{-}6)$$

となります。ちなみに表記を簡単にするために $s(x, y, z)$ を s で表しています。

ここで参照球面上での点 $Q_1(x, y, z)$ から像平面上の像点 $P_3(X', Y', 0)$ へのベクトル $\overrightarrow{Q_1P_3} = (X' - x, Y' - y, -z)$ について考えます。このベクトルの長さを R' とすると、同じ方向の単位ベクトル $\vec{e}$ は $\overrightarrow{Q_1P_3}$ を R' で割って

$$\vec{e} = \frac{1}{R'}\overrightarrow{Q_1P_3} = \left(\frac{X' - x}{R'}, \frac{Y' - y}{R'}, \frac{-z}{R'}\right) \quad (7\text{-}7)$$

第7章　単色収差

になります。一方、点 $Q_1(x, y, z)$ での光路長 $s(x, y, z)$ について は、前章で導いた（6-3）式が成り立ちます。これは、 光路長を座標で微分すると光線の方向を表すこと、また、光 路長の微分の大きさが屈折率に等しいという関係でした。像 界での屈折率を n' とすると、（6-3）式はここでは

$$\vec{e} = \left(\frac{1}{n'} \cdot \frac{\partial s}{\partial x}, \frac{1}{n'} \cdot \frac{\partial s}{\partial y}, \frac{1}{n'} \cdot \frac{\partial s}{\partial z} \right)$$

となります。よって、この単位ベクトル $\vec{e}$ は（7-7）式の単 位ベクトル $\vec{e}$ と同一なので、それぞれの要素について

$$\frac{1}{n'} \cdot \frac{\partial s}{\partial x} = \frac{X' - x}{R'}, \quad \therefore \frac{\partial s}{\partial x} = \frac{n'(X' - x)}{R'}$$

$$\frac{1}{n'} \cdot \frac{\partial s}{\partial y} = \frac{Y' - y}{R'}, \quad \therefore \frac{\partial s}{\partial y} = \frac{n'(Y' - y)}{R'}$$

$$\frac{1}{n'} \cdot \frac{\partial s}{\partial z} = \frac{-z}{R'}, \quad \therefore \frac{\partial s}{\partial z} = \frac{-n'z}{R'}$$

が成り立ちます。また、（7-2）式を x と y でそれぞれ微分し て

$$\frac{\partial z}{\partial x} = \frac{\partial}{\partial x} \sqrt{R^2 - \left(x - X_1'\right)^2 - \left(y - Y_1'\right)^2}$$

$$= \frac{1}{2\sqrt{R^2 - \left(x - X_1'\right)^2 - \left(y - Y_1'\right)^2}} \frac{\partial}{\partial x} \left\{ R^2 - \left(x - X_1'\right)^2 - \left(y - Y_1'\right)^2 \right\}$$

$$= \frac{1}{2z} \left\{ -2\left(x - X_1'\right) \right\}$$

$$= \frac{-x + X_1'}{z}$$

185

$$\frac{\partial z}{\partial y} = \frac{\partial}{\partial y}\sqrt{R^2 - \left(x - X_{\mathrm{I}}'\right)^2 - \left(y - Y_{\mathrm{I}}'\right)^2}$$

$$= \frac{-y + Y_{\mathrm{I}}'}{z}$$

が得られます。これらを（7-5）式に代入すると

$$\frac{\partial H}{\partial x} = \frac{\partial s}{\partial x} + \frac{\partial z}{\partial x}\frac{\partial s}{\partial z}$$

$$= \frac{n'(X' - x)}{R'} + \frac{-x + X_{\mathrm{I}}'}{z} \cdot \frac{-n'z}{R'}$$

$$= \frac{\left(X' - X_{\mathrm{I}}'\right)n'}{R'}$$

$$= \frac{\Delta X' n'}{R'}$$

$$\therefore \Delta X' = \frac{R'}{n'} \cdot \frac{\partial H}{\partial x} \tag{7-8}$$

となります（（7-1）式を使いました）。同様に（7-6）式に代入すると

$$\frac{\partial H}{\partial y} = \frac{\left(Y' - Y_{\mathrm{I}}'\right)n'}{R'} = \frac{\Delta Y' n'}{R'}$$

$$\therefore \Delta Y' = \frac{R'}{n'} \cdot \frac{\partial H}{\partial y} \tag{7-9}$$

が得られます。さらに、多くの場合に $R \approx R'$ と近似できるので、（7-8）式と（7-9）式は、

$$\Delta X' = \frac{R}{n'} \cdot \frac{\partial H}{\partial x} \tag{7-10}$$

と

第7章　単色収差

$$\Delta Y' = \frac{R}{n'} \cdot \frac{\partial H}{\partial y} \qquad (7\text{-}11)$$

になります。これが第2段階の終点です。左辺の光線収差
が、右辺の波面収差Hの偏微分によって表されることが導
かれました。

■**第3段階：波面収差を表す関数の形を推定し、（7-10）
式と（7-11）式を使って光線収差を求める**

　次にこの光線収差を座標 (X, Y) と (x, y) の関数として
表すことを考えましょう。図7-1では、光軸を中心として軸
対称の形状をした円形のレンズや絞りからなる光学系を想定
しています。軸対称なので物体面上の座標 (X, Y) と瞳面
上の座標 (x, y) を次式のように極座標で表すことにしま
す。

$$(X, Y) = (r \cos\theta, \, r \sin\theta) \qquad (7\text{-}12)$$
$$(x, y) = (\rho \cos \phi, \, \rho \sin \phi) \qquad (7\text{-}13)$$
$$\text{ただし、} r \geq 0 \text{ かつ } \rho \geq 0$$

　これで4つの独立な変数X, Y, x, yはr, θ, ρ, ϕに置き換わ
りました。ここでは光軸の周りに回転対称性がある円形のレ
ンズからなる光学系を考えているので、物体面上の物点とし
てX軸上の点だけを考えても一般性を失わないことに気づ
きます。たとえば、物点が実際にはY軸上にあったとして
も、「X軸上に像点がある場合の計算結果」を90度回転させ
ればよいからです（実際に本節の最後で回転させます）。X
軸上に物点がある場合は、X軸上の点は$\theta = 0$なので（かつ
$Y = 0$です）、（7-12）式と（7-13）式は

187

$$(X, Y) = (r, 0)$$
$$(x, y) = (\rho \cos \phi, \rho \sin \phi)$$
$$ただし、r \geq 0 かつ \rho \geq 0$$

となり、右辺の独立な変数はr, ρ, ϕの3つになります。この3つの変数と左辺のX, Y, x, yの間には

$$r^2 = X^2 + Y^2 = X^2 \ (\because Y = 0)$$
$$\rho^2 = x^2 + y^2 \qquad\qquad\qquad (7\text{-}14)$$
$$(X, Y) \cdot (x, y) = xX + yY = xX = r\rho \cos \phi \ (内積の関係から)$$

の3つの関係があります。よって独立な変数を$X^2, x^2 + y^2$, xXに置き換えられることに気づきます。そこで、波面収差は$X^2, x^2 + y^2, xX$の3つの変数からなる多項式で表せると仮定することにします。多項式とは、ある関数$f(t)$が、変数tのn乗の項(nは0以上の整数)の足し算である

$$f(t) = a + bt + ct^2 + \cdots$$

で表されるものです。波面収差を3つの変数$X^2, x^2 + y^2, xX$からなる多項式で表し、これらの3つの変数の2次の項(X^2と$(x^2 + y^2)$の積や$(x^2 + y^2)$とxXなどの積など)までとると

$$\begin{aligned}
H(x^2 + y^2, xX, X^2) = {} & a + b_1(x^2 + y^2) + b_2 xX + b_3 X^2 \\
& + c_1(x^2 + y^2)^2 + c_2 xX(x^2 + y^2) + c_3 x^2 X^2 \\
& + c_4(x^2 + y^2)X^2 + c_5 xX^3 + c_6 X^4
\end{aligned}$$

となります。ここでaは0次の係数、$b_1, \cdots, b_3$は1次の係

数、$c_1, \cdots, c_6$ は2次の係数です。ザイデルはこれらの項の中で、変数 x, y, X の4次の項（x^4, x^3X, x^2X^2 などの肩の次数を足すと4になる項）を詳しく調べ、ザイデルの5収差を導きました。そこで、本書でも4次の項に注目します。実は、これより低次の項には「焦点ずれの収差」などと呼ばれるものがありますが、それらはスクリーンの位置の調整などによって取り除けます。また、5次以上の項はザイデル収差より相対的に影響が小さいので、光学系の設計の際には、まずはザイデル収差を検討することが重要です。なお、今日では、光学系の設計では、光線追跡法などを使ってコンピューターによる数値計算を行いますが、その際には近軸近似を使わずに厳密に高次の項まで計算に含みます。またソフトウェアによっては、これらの収差の個々の値を弾き出すこともできます。

さて、4次の波面収差を関数 $H_4(X^2, xX, x^2+y^2)$ で表すと、以上の議論より

$$
\begin{aligned}
H_4(x^2+y^2, xX, X^2) = {} & c_1(x^2+y^2)^2 + c_2 xX(x^2+y^2) \\
& + c_3 x^2 X^2 + c_4 (x^2+y^2) X^2 \\
& + c_5 xX^3 + c_6 X^4
\end{aligned}
$$

となります。これから光線収差を（7-10）式と（7-11）式を使って求めると

$$\Delta X' = \frac{R}{n'} \cdot \frac{\partial H_4}{\partial x}$$

$$= \frac{R}{n'} \Big\{ 4c_1 x \big(x^2 + y^2 \big) + c_2 X \big(x^2 + y^2 \big)$$

$$+ 2c_2 x^2 X + 2c_3 x X^2 + 2c_4 x X^2 + c_5 X^3 \Big\}$$

$$\Delta Y' = \frac{R}{n'} \cdot \frac{\partial H_4}{\partial y}$$

$$= \frac{R}{n'} \Big\{ 4c_1 y \big(x^2 + y^2 \big) + 2c_2 x X y + 2c_4 y X^2 \Big\}$$

となります。ここで（7-13）式と（7-14）式を使って座標 (x, y) を極座標に変換すると

$$\Delta X' = \frac{R}{n'} \Big(4c_1 \rho^3 \cos\phi + c_2 X \rho^2 + 2c_2 X \rho^2 \cos^2\phi$$

$$+ 2c_3 X^2 \rho \cos\phi + 2c_4 X^2 \rho \cos\phi + c_5 X^3 \Big)$$

$$= \frac{R}{n'} \Big\{ 4c_1 \rho^3 \cos\phi + c_2 X \rho^2 (2 + \cos 2\phi)$$

$$+ 2X^2 \rho \cos\phi \big(c_3 + c_4 \big) + c_5 X^3 \Big\}$$

$$\big(\because \cos 2\phi = 2\cos^2\phi - 1 \big) \qquad (7\text{-}15)$$

$$\Delta Y' = \frac{R}{n'} \Big(4c_1 \rho^3 \sin\phi + 2c_2 X \rho^2 \cos\phi \sin\phi + 2c_4 X^2 \rho \sin\phi \Big)$$

$$= \frac{R}{n'} \Big(4c_1 \rho^3 \sin\phi + c_2 X \rho^2 \sin 2\phi + 2c_4 X^2 \rho \sin\phi \Big)$$

$$\big(\because \sin 2\phi = 2\cos\phi \sin\phi \big) \qquad (7\text{-}16)$$

となります。これで光線収差が求められました。

本書では物体平面の X 軸上の点 $(X, 0)$ の像について考察

第7章　単色収差

を進めましたが、一般には物体平面の Y 軸上の点 $(0, Y)$ の像についての収差を求めます。また、その際には y 軸となす角 ϕ の関数として収差を表します。その場合には、図7-1を光軸を中心に反時計周りに90度回転させて、物体平面の X 座標と Y 座標を置き換え、X' 座標と Y' 座標を置き換えればよいので、（7-15）式と（7-16）式の X と Y ならびに X', Y' を置き換えると、光線収差はそれぞれ

$$\Delta X' = \frac{R}{n'}\left(4c_1\rho^3\sin\phi + c_2 Y\rho^2\sin 2\phi + 2c_4 Y^2\rho\sin\phi\right)$$

(7-17)

$$\Delta Y' = \frac{R}{n'}\left\{4c_1\rho^3\cos\phi + c_2 Y\rho^2(2 + \cos 2\phi)\right.$$
$$\left. + 2Y^2\rho\cos\phi(c_3 + c_4) + c_5 Y^3\right\}$$

(7-18)

となります。この Y を**物点の高さ**や**入射高**と呼びます。また、ρ を（瞳面の）**輪帯半径**と呼びます。

　数学的には c_1 や c_2 などの係数を求められますが、難度が上がるので本書ではその計算には進まないことにします。ここでは、収差にこれらの項がどのように効くのかを定性的に見ていくことにしましょう。これらの係数 c_1, c_2, c_3, c_4, c_5 を含むそれぞれの項が、ザイデルの5収差の球面収差、コマ収差、非点収差、像面湾曲、歪曲（ディストーション）に対応します。現在では、少し値の張る光学用パッケージソフトウェアを使うと、これらの収差が数値計算で求められます。したがって、これらの収差の大きさを解析的に手計算で求めることはほぼなくなりました。

191

■球面収差

　球面収差とは、表面の形状が球面である凸レンズを使って集光したときに表れる収差です。スネルの法則に従って球面凸レンズの焦点を計算すると、その焦点の位置は、光線の入射高によって変わります。近軸近似はレンズの中心に近い部分でしか成り立たないのですが、実際にレンズをカメラや双眼鏡に用いる場合には、レンズの中心部分だけではなく周辺部分を透過する光も像の形成に寄与します。

　図7-2の上図は平凸レンズに左から平行光線が入射した場合の集光の様子をスネルの法則を使って厳密な数値計算で求めたものです。図7-2の上図では、曲率半径50mmの平凸レンズ（屈折率1.5、レンズの頂点の厚さ10mm）に、入射高がそれぞれ10mm、20mm、30mmである「光軸に平行な光線」が、平面側から入射し、屈折して凸面側から射出する場合の光路を示しています。レンズを透過した光は右側の光軸上に集光しますが、集光位置が一点にならずにかなりずれていることがわかります。このずれは入射高が高くなるほど大きくなっています。これが球面収差の影響です。図7-2の下図では、上図とは左右反対に平凸レンズを置いた場合を示していますが、こちらの方がはるかによく集光しています。しかし、下図でも厳密には集光位置はわずかにずれています。このように表面が球面であることによって収差が生じます。レンズの形を球面ではない特殊な形の非球面レンズに変えれば、この球面収差を小さくできます。

　平凸レンズを使って平行光線を集光した場合に、どうしてレンズの向きによってこのように集光が異なるのか疑問に思われることでしょう。集光が異なる一つの理由は図1-4の空

第7章 単色収差

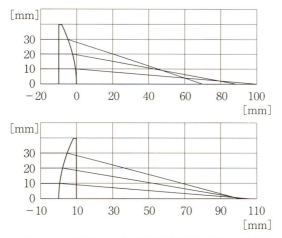

図7-2　平凸レンズに平行光線が入射した場合

気と水の境界での屈折のグラフと同じように、ガラスから空気への光路の屈折角（図7-2の上図の右面での屈折）の方が、空気からガラスへの屈折角（図7-2の下図の左面での屈折）より大きくなるという関係にあります。また、上図の方が集光が悪くなるのは次の理由も考えられます。図7-2の上図からわかるように、球面での屈折角は入射高が大きいほど球面収差によって大きくなり、屈折後の光軸との交点はレンズ側（図の左側）に近づいていきます。下図の場合は、空気とガラスの境界である凸面の位置が入射高が大きくなるほど右にずれるので、結果的にこの効果を相殺する方向に働くのです。平凸レンズを使って平行光線を集光させる場合には、このように面の向きを決して間違えないようにする必要があります。なお、図2-2の場合のように物体距離と像距離が等

しい場合には、球面収差の影響を最小にする球面レンズは平凸レンズではなく、表面と裏面の曲率半径が等しい両凸レンズです。

（7-17）式と（7-18）式のザイデルの5収差の内、球面収差に対応する項は係数c_1を含む第1項であることがわかっています。

$$\Delta X' = 4\frac{R}{n'}c_1\rho^3\sin\phi \tag{7-19}$$

$$\Delta Y' = 4\frac{R}{n'}c_1\rho^3\cos\phi \tag{7-20}$$

この項は、物点の高さYを含まないのでYには依存しません。図7-3は、$\rho = 1$と1.5の場合の（$\rho^3\sin\phi, \rho^3\cos\phi$）を（$0 \leq \phi < 2\pi$）の範囲でプロットしたものです。このグラフの原点がガウス像点に対応します。収差がない場合にガウス像点に集まるべき光が、輪状に広がるわけですから、球面収差は

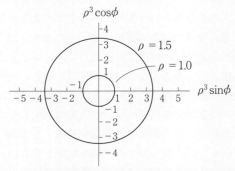

図7-3 球面収差 $\rho = 1$と1.5の場合の（$\rho^3\sin\phi, \rho^3\cos\phi$）のプロット

第7章　単色収差

像のボケとして働くことがわかります。また、瞳面の輪帯半径ρの3乗に依存して大きくなるので、$\rho = 1$の場合より1.5の場合の方がこの収差はずっと大きくなります（図7-1の光路では瞳面上の光の通過点P_2の光軸からの距離が輪帯半径に対応し、図7-2ではレンズ上の光の入射高が輪帯半径に対応します）。したがって球面収差を小さくするにはρを小さくすればよいので、瞳面の位置に絞りを入れて光路を光軸近傍に絞ればよいことがわかります。

　ガラスレンズの凸面の形状としては球面が最も一般的です。その理由は、ガラスを研磨して球面の表面を作るという方法が最も容易で相対的にコストが低いからです。ガラスの表面を研磨して非球面の形状にするには手間がかかり、コストが高くなります。一眼レフなどの高級カメラのレンズでは非球面レンズも多用されています。現在では、ガラスより軽いプラスチックのレンズがメガネや様々な用途で使われていますが、プラスチックはガラスよりかなり低い温度でやわらかくなるので、加熱して軟化したプラスチックを非球面の形状の金属製の型でプレスして非球面レンズを作製するという方法もとられています。また、ガラスでも400度以下で溶ける特殊な材質のものが開発されていて、加熱してプレスすることによる非球面レンズの作製が可能になっています。

■コマ収差

　入射光線が光軸とは非平行な場合に現れる収差が**コマ収差**です。コマとは英語ではcomaと書き、発音をカタカナで書くと「コウマ」になります。comaとはいったいなんだろうと思う方が多いと思いますが、comaの語源はギリシア語の

「髪」です。「髪」とどう関係するのだろうかとこれも当然ながら疑問を持つと思います。comaを語源とする英語は他にもあり、その一つがcomet、すなわち彗星です。彗星は太陽に近づくと、表面の氷などが解けてガスが発生し、チリとともに舞い上がり長い尾を引きます。ガスやチリが髪の毛のように彗星のまわりを覆っている部分をcomaと呼びます。coma収差は、光軸と非平行に入射した光が、あたかも彗星のように膨らんで尾を引くことから名づけられました。

　（7-17）式と（7-18）式のザイデルの5収差の内、コマ収差に対応する項は係数c_2を含む第2項です。

$$\Delta X' = \frac{R}{n'} c_2 Y \rho^2 \sin 2\phi \qquad (7\text{-}21)$$

$$\Delta Y' = \frac{R}{n'} c_2 Y \rho^2 (2 + \cos 2\phi) \qquad (7\text{-}22)$$

　図7-4は、$\rho = 1$と1.5の場合の座標（$\rho^2 \sin 2\phi$, $\rho^2 (2 + \cos 2\phi)$）を（$0 \leq \phi < 2\pi$）の範囲でプロットしたものです。このグラフの原点がコマ収差がない場合の像点に対応します。コマ収差がない場合に原点に集まるべき光が、Y'軸上でずれてさらに輪状に広がります。また、瞳面の輪帯半径ρの2乗に比例してずれと半径は大きくなるので、$\rho = 1$の場合より1.5の場合の方がこの収差はずっと大きくなります。図7-4では円は2つしか書いていませんが、実際には異なる大きさのρに対して多くの円が重なります。図中の直角三角形は、「原点」と「円の中心」、それに「円に外接して原点を通る直線（点線）」からなる三角形ですが、図のように直角を含むことと、この三角形の「斜辺」と「円の半径」が2対

1であることから、点線がY'軸となす角が30度であることがわかります。この関係はρの値が異なる三角形でも同じように成り立つので、図中の点線はこの収差によって生じる円のすべてに外接します。つまり、物点が光点である場合には、この2つの点線の内側に光が重なり、あたかも彗星の尾のように光の尾ができることになります。コマ収差はこのように非対称な形なので、像を作るレンズ系にとっては、「単に像点が円状にぼける球面収差」とは違って、「個々の像点を非対称にゆがめる特に望ましくない収差」になります。

(7-21) 式と (7-22) 式から、輪帯半径ρの2乗に比例してコマ収差は大きくなるので、コマ収差を小さくするには、瞳面の近傍に絞りを入れて光路を光軸近傍に絞ればよいことがわかります。

球面収差とコマ収差がない場合には、**アッベの正弦条件**が成り立ちます。レベルが少し高くなるので導出は割愛しますが、アッベの正弦条件は、たとえば第2章の図2-4の場合には

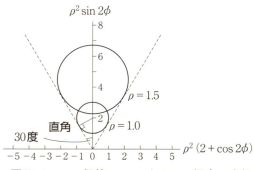

図7-4　コマ収差　$\rho=1$と1.5の場合の座標
$(\rho^2\sin2\phi, \rho^2(2+\cos2\phi))$ のプロット

$$y \sin\theta = y' \sin\theta'$$

というものです。これは (2-6) 式のヘルムホルツ-ラグランジュの不変式とよく似ていて、θとθ'を$\sin\theta$と$\sin\theta'$におきかえれば、アッベの正弦条件になります。この式は収差のない光学系を設計するために重要です。アッベの正弦条件を満たし、球面収差とコマ収差がないレンズを**アプラナート**（aplanat）と呼びます。英語の形容詞はaplanatic（アプラナティック）です。

■非点収差

非点収差は図7-5の光軸に非平行な光線において、レンズの縦方向と横方向の最集光点が異なることによって生じる収差です。図7-5では光のビーム（光束）の中心は、レンズの中心を通りますが、このビームの中心の光線を**主光線**と呼びます。また、光軸と主光線を含む面を**メリジオナル面**と呼

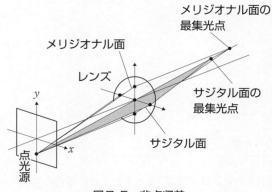

図7-5 非点収差

第7章　単色収差

び、この面に垂直で主光線を含む面を**サジタル面**と呼びます。図7-5のように斜めに光が入射した場合には、サジタル面の最集光点の方がレンズに近くなります。この場合、サジタル面の像点にスクリーンを置くと像は縦長の細い楕円状になり、メリジオナル面の像点にスクリーンを置くと像は横長の細い楕円状になります。

　メリジオナルは英語ではmeridionalと書き、「子午線の」という意味です。日本語の「子午線」は、地球儀で北から南に結ぶ縦の線を表します。子午線の英語はmeridianでラテン語のmeridiesに由来し、現在の英語で表すとmiddle dayの意で一日の真ん中、すなわち正午を表します。なお、光学分野では、メリジオナルをタンジェンシャルと表現することもあります。

　サジタルは英語ではsagittalと書き、ラテン語で矢を意味するsagittaが語源です。日本語に訳すると「矢状の」になります。また、サジタルを日本語で「球欠」と訳すこともあります。なお、医学でのサジタル面は、光学分野のメリジオナルに対応する場合もあるので、分野によって「サジタル」が何を意味するかには注意を要します。

　（7-17）式と（7-18）式のザイデルの5収差の内、非点収差に対応する項は係数c_3を含む以下の項です。

$$\Delta X' = 0 \qquad\qquad (7\text{-}23)$$

$$\Delta Y' = 2\frac{R}{n'}c_3 Y^2 \rho \cos\phi \qquad (7\text{-}24)$$

$\Delta X' = 0$なので像面のX'座標にはこの収差は現れず、Y'座標のみに現れます。Y'座標では物点の高さYの2乗に比例

199

し、輪帯半径ρに比例します。したがって、絞りを絞って輪帯半径を小さくすれば非点収差も小さくなります。

　球面収差、コマ収差、それに非点収差の3つの収差を除いたレンズを**スティグマート**（stigmat）と呼び、英語の形容詞はstigmatic（スティグマティック）です。stigmaは小さな点を意味します。微小な物点を、微小な像点にボケることなく変換する光学系をイメージしていただくと、この言葉を覚えやすいでしょう。

■像面湾曲

　図7-6のように平面状の物体（たとえば平面の写真）を被写体とし、凸レンズを使ってスクリーン上に結像させる場合を考えます。このとき結像する面（像面）は図中のスクリーンのような平面であることが期待されます。しかし、実際には像面は平面にはならず、図のように湾曲します。この面は**ペッツバール像面**と呼ばれます。この像面の湾曲により、平面のスクリーン上では、光軸近くの像は鮮明でも、光軸から離れて外側へ行くほど像はボケてきます。これが**像面湾曲**です。カメラの撮像素子は平面なので、平面上の写真や絵、図などを被写体にすると像面湾曲は表れやすくなります。

　（7-17）式と（7-18）式のザイデルの5収差の内、像面湾曲収差に対応する項は係数c_4を含む項です。

$$\Delta X' = 2\frac{R}{n'}c_4 Y^2 \rho \sin\phi \qquad (7\text{-}25)$$

$$\Delta Y' = 2\frac{R}{n'}c_4 Y^2 \rho \cos\phi \qquad (7\text{-}26)$$

200

第7章　単色収差

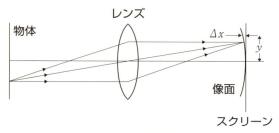

図7-6　像面湾曲

この収差は、物点の高さYの2乗に比例し、輪帯半径ρに比例します。この依存性は先ほど見た非点収差と同じです。したがって、絞りを絞れば小さくなります。

図7-6の平面のスクリーンとペッツバール像面のx座標のずれΔxは、レンズの焦点距離fと屈折率nを使って

$$\Delta x \propto \frac{1}{nf}$$

と書けることがわかっています（導出はレベルが少し高いので割愛します）。また、レンズがm枚ある光学系の場合には、i枚目のレンズの焦点距離f_iと屈折率n_iを使って

$$\Delta x \propto \sum_{i=1}^{m} \frac{1}{n_i f_i}$$

と書けることがわかっています。この式の右辺を**ペッツバール和**と呼びます。ペッツバール和がゼロであれば、像面湾曲はないことになりますが、

ペッツバール和＝0

を**ペッツバール条件**と呼びます。

201

ニコン社のHPから

　球面収差、コマ収差、非点収差、像面湾曲を除いたレンズを**アナスティグマート**（anastigmat）と呼びます。ana-は「上の」という意味の接頭辞なので、stigmatを超えることを表しています。アナスティグマティックな顕微鏡の対物レンズは、ドイツ語で平面を意味する**プラン**（plan）と呼ばれていて、像面湾曲が小さく、像の周辺部も真ん中と同じピントが得られることを表しています。写真は顕微鏡対物レンズの一例ですが、Planと記されています。Planの右のApoは次章で登場するアポクロマートを意味し、20xは横倍率が20倍であることを示していて、その右の0.75は、第9章で登場する開口数を表しています。

■歪曲（ディストーション）

　カメラを例にとると、正方形を被写体にした場合に撮像素子上の像が歪曲して正方形の像にはならず、図7-7のように中心部が膨らんだ樽の形になったり、あるいは、反対に中心部が縮む糸巻きの形になることを**歪曲**と呼びます。被写体

第 7 章　単色収差

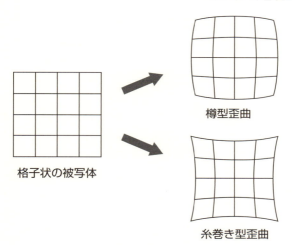

図 7-7　歪曲

に格子状の模様がある場合に目立ちやすいので、原稿用紙のような四角形の枠のある書類や、多数の窓枠を持つビルの写真などで現れます。

（7-17）式と（7-18）式のザイデルの5収差の内、歪曲に対応する項は係数を c_5 含む項です。

$$\Delta X' = 0 \tag{7-27}$$

$$\Delta Y' = \frac{R}{n'} c_5 Y^3 \tag{7-28}$$

像面の X' 座標にはこの収差は現れず、Y' 座標では物点の高さ Y の3乗に比例します。輪帯半径 ρ には依存しないので、絞りを絞っても効果はないということがわかります。

現在のデジタルカメラなどでは、CMOSセンサなどの撮

203

像素子上に映る像の歪曲は、映像を電気信号に変えた後でソフトウェアを使った画像処理でも補正できます。したがって、現在のカメラメーカーがしのぎを削っているのは、レンズ系の高度な設計能力だけではなく、この種のソフトウェアの開発力も競っていることになります。

　ここまでに見たこれらのザイデルの5収差は通常は重複して発生します。現在のカメラや望遠鏡、それに顕微鏡のレンズなどはこれらの収差をなるべく抑えるように設計されていますが、それぞれの設計によって固有の収差を持ちます。カメラではレンズの有効径は絞りを絞ることによって変わります。ザイデルの5収差では歪曲以外は絞りを絞るほうが収差は小さくなるので、レンズ系によっては、ある程度絞りを絞るほうが像が鮮明になる場合もあります。また、カメラによる景色の撮影などでは絞りをある程度絞って被写界深度を深くするほうが写真としては望ましい場合もあります。一方で、本書の最終章で見るように、無収差の理想的なレンズ系では、絞りを開いてレンズの有効径を大きくする方が解像度は上がります。したがって、絞りの適正値については実機を使って検証するしかないということになります。カメラにこだわりのあるかたにとってはそこがまた楽しみでもあるのでしょう。

　さて本章では、単色収差の主因であるザイデルの5収差を理解しました。次章では色収差に取り組みます。

第 8 章

色収差

■色収差

　前章で見たのは単色収差で、単一の波長で発生する収差でした。これに対して色収差は波長の異なる光で発生するもので、第1章で見た屈折率の波長分散によって生じます。したがって、レンズを1枚しか使わない場合には、波長分散のないガラスが発明されない限りは必ず生じる収差です。しかし、屈折率の異なるガラス製のレンズを複数枚使うと、この色収差をかなり補正できます。ここでは、ガラスにはどのようなものがあるのかをまず見てみましょう。

　光学ガラスが最もよく使われる用途は、可視光の波長で使われるレンズです。可視光の波長では、レンズの光学特性を表す際に、代表的な3つの波長として、486.1nm、587.6nm、656.3nmを使います。それぞれ、青緑、黄、赤に対応します。切りの良い480nmや590nmの波長にしないのは、これらの波長が次節で紹介するフラウンホーファー線のF線、D_3(d)線、C線に対応していて、波長の同定が容易だからです。これらの波長はそれぞれの原子固有の発光や光吸収に対応しています。

　それぞれの波長の屈折率は、n_F, n_d, n_Cと表します。従来は、黄色の波長にはD線（589.3nm）を使い、波長もn_Dと表記していました。しかし、正確にはフラウンホーファー線のD線にはD_1からD_3線までの3種類の波長が混じっており、光学分野でのD線は、Na（ナトリウム）原子によって生じるD_1線（589.594nm）とD_2線（588.997nm）が混じった光の平均波長でした。今日ではわずかに波長が離れたHe（ヘリウム）原子によるD_3線（587.565nm、d線と呼ぶ場合もあります）を使うのが一般的になっています。これをn_D

第8章　色収差

と区別するために、表記には小文字のdを添え字にしたn_dが使われています。ちなみに、フラウンホーファー線の小文字のd線の波長は一般的にはFe（鉄）原子による466.814nmであり、これはHe原子によるD_3線とは大幅に異なる波長です。したがって、d線の表記の混乱を避けるために、一方を「Feのd線」と呼び、もう一方を「Heのd線」と呼ぶこともあります。

　ガラスなどの光学材料の分散の大きさを表すためには、**分散**と、その逆数の**アッベ数**が使われています。分散は

$$分散 = \frac{F 線（青緑）の屈折率\ n_F - C 線（赤）の屈折率\ n_C}{d 線（黄色）の屈折率\ n_d - 真空の屈折率}$$

$$= \frac{n_F - n_C}{n_d - 1}$$

という量です。したがって、青緑のF線の屈折率と赤のC線の屈折率の差が大きいほど、分散は大きくなります。アッベ数ν_dはこの逆数で

$$\nu_d = \frac{n_d - 1}{n_F - n_C} \qquad (8\text{-}1)$$

で定義されています。こちらは逆数なので、分散が大きいほどアッベ数は小さくなります。一例として、光学ガラスBK7では$n_d = 1.5168$でアッベ数は$\nu_d = 64.17$です（SCHOTT社のN-BK7のデータによる）。

　なお、アッベ数はこの他にe線（546.1nm）、F′線（480.0nm）、C′線（643.8nm）を使うものがあり、こちらのアッベ数はν_eと表記されます。ちなみにe線もHg（水銀）

のe線（546.1nm）とFeのe線（438.4nm）の2種類がある
ので注意を要します。

■フラウンホーファー線

　太陽光をプリズムを使って分光すると、特定の波長で暗い
線が観測されることをイギリスのウォラストン（1766～
1828）が1802年に発見しました。ドイツのフラウンホーフ
ァー（1787～1826）は12年後にウォラストンとは独立に同
じ暗線を見つけ、数百本の暗線の波長を測定し、その見え方
によって分類しました。特にくっきりと見える暗線には長波
長側からアルファベットの大文字でAやDなどの記号をつ
けました。これらの暗線がフラウンホーファー線です。

フラウンホーファー線

記号	元素	波長（nm）
A	酸素	759.370
B	酸素	686.719
C	水素	656.281
D_1	ナトリウム	589.594
D_2	ナトリウム	588.997
D_3	ヘリウム	587.565
E_2	鉄	527.039
F	水素	486.134
G	鉄	430.790
G	カルシウム	430.774
H	カルシウムイオン	396.847

約50年後にドイツのブンゼン（1811〜1899）とキルヒホフ（1824〜1887）は、ナトリウムを高温の炎の中に入れたときに生じる強い発光（炎色反応と言います）の波長を多数測定し、その中の2つの波長589.0nmと589.6nmが、フラウンホーファー線のD_2およびD_1の波長（D線は近接した3つの波長に分離できるのでそれぞれをD_1, D_2, D_3と呼びます）と一致することを発見しました。20世紀になると量子力学の登場によって、これらの波長が原子の中の「ある電子軌道」から「別の電子軌道」への電子の移動（遷移と呼びます）に対応することがわかりました。発光は電子がエネルギ

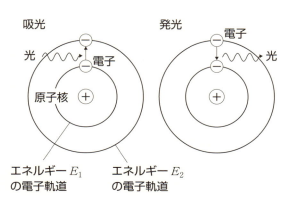

図8-1　原子の発光と吸光

ーの高い軌道から低い軌道へ落ちる際に起こります。逆に、低いエネルギーの軌道にいる電子が光を吸収してエネルギーをもらうと高い軌道に移ります（図8-1）。ナトリウムや鉄は、太陽表面では約6000度という高温のため気体になって存在します。太陽本体からは連続的な波長の光が出ますが、太陽表面に存在するこれらの元素によって吸収された光の波長が暗線となって観測されるのがフラウンホーファー線です。このようにフラウンホーファー線の波長は、原子の軌道間のエネルギー差のみによって決まるので外界の影響を受けません。したがって、波長の同定に用いられます。

■フラウンホーファー

　フラウンホーファーは、1787年にドイツ南部に生まれました。父はガラス職人でしたが、11歳の時に両親を亡くしました。鏡磨きの職人の徒弟を経て、光学機器の研究所に職を得ました。その後、各種のガラスの開発や分光器の発明や回折格子の製作で活躍しました。太陽光のスペクトルからフラウンホーファー線を発見したことも大きな功績です。フラウンホーファーの活躍によりドイツ南部のバイエルンの光学産業はめざましい発展をとげました。

　1822年にエアランゲン大学から名誉博士号を授与され、1823年にはバイエルンの科学アカデミーの会員になりました。1824年にはメリット勲章を授与されて貴

フラウンホーファー

族となり、姓にフォンが加わりました。しかし、それらの栄誉に浴して間もない1826年に健康状態が悪化し、39歳という若さで没しました。ガラス工場で長期間にわたって重金属の蒸気を吸ったことが健康悪化の原因と考えられています。ドイツには現在フラウンホーファーの名を冠したフラウンホーファー研究所があり、応用研究の分野で活躍しています。

■光学ガラスのアッベダイアグラム

　光学ガラスには、屈折率が異なるものや、分散の異なるものがあります。そこで、横軸にアッベ数ν_dをとり、縦軸に屈折率n_dをとってガラスの性質を表します。図8-2がその一例で、これを**アッベダイアグラム**と呼びます。このようにアッベ数は80から20程度までの幅があり、屈折率も1.5程度から1.9程度の大きさのものまであります。

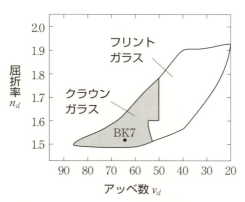

図8-2　光学ガラスのアッベダイアグラム
（SCHOTT社のAbbeDiagramを元に作成した概念図）

ガラスの主な成分は二酸化ケイ素（SiO₂）ですが、これに酸化ナトリウムや酸化カルシウムを混ぜたものを**クラウンガラス**と呼びます。クラウンガラスはアッベ数が80から50程度であることを特徴としていて、アッベダイアグラムの左半分を占めています。クラウンガラスを表すには通常はKを記号にしますが、英語のcrownからCを記号に使うアッベダイアグラムもあります。代表的な光学ガラスであるBK7は、記号にKが含まれていることからクラウンガラスであることがわかります。また、記号のBはBoron（ホウ素）の含有を表しています。

　一方、二酸化ケイ素に酸化鉛を混ぜたものを**フリントガラス**と呼びます。フリントガラスはアッベ数が50から20程度と低いことと、相対的に屈折率が高いことが特徴です。アッベダイアグラムの右半分を占めていて、記号Fで表します。従来のフリントガラスは酸化鉛を含有していたのですが、鉛が環境中に排出されるのは望ましくないので、鉛を含まないフリントガラスも作られるようになりました。

■色収差の補正

　光学機器のレンズ系では、色収差の補正のためにクラウンガラスとフリントガラスの組み合わせがよく使われます。典型的な使い方は図8-3の下図のようにクラウンガラスの両凸レンズとフリントガラスの平凹レンズを組み合わせるものです。うまく設計すれば、赤と青の色収差をなくして赤と青の焦点の位置を一致させられます。

　色収差の典型的な例を図8-3の上図に模式的に示しました。この上図は両凸レンズによる平行光線の集光を表してい

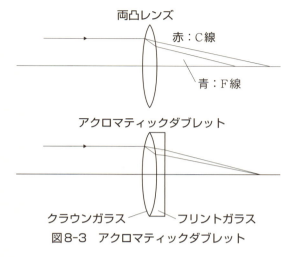

図8-3 アクロマティックダブレット

ます。赤の光線と青の光線の集光を比べると青の方が屈折率が大きいので焦点距離が赤より短くなる色収差が現れます。望遠鏡や顕微鏡で色収差があると、波長によって焦点距離が異なるので色が滲んで見えます。逆に、色収差が補正されていれば色滲みがなくなります。そこで、色収差のないレンズを**色消しレンズ**と呼びます。

色収差の補正方法として考案されたのがアクロマティックダブレットです。両凸レンズにクラウンガラスを使い、平凹レンズにフリントガラスを使うことによって、この色収差を補正します。

ダブレット（doublet）とは2枚のレンズの組み合わせです。英語のdouble（ダブル）には、対（ペア）の意味がありますが、その名詞形です。同様に3枚のレンズの組み合わせを**トリプレット**（triplet）と呼びます。赤と青の色収差を

なくしたレンズ系を**アクロマート**（achromat）と呼びます。achromatic（アクロマティック）のchromaticは「色の」という意味です。たとえばmonochromaticのmonoは一つを意味するので、monochromatic（モノクロマティック）は「単色の」という意味です。achromaticのaは、否定を意味する接頭辞（語）なので、achromaticの意味は「色がない」とか「無色の」という意味になります。光学では赤と青などの2色で焦点距離に差がないことを意味します。

図8-3のアクロマティックダブレットの焦点距離について考えてみましょう。まず、焦点距離は2つのレンズを密着させた場合には第5章で見たように（5-19）式で表されます。

$$\frac{1}{f} = \frac{1}{f_1} + \frac{1}{f_2} \tag{5-19}$$

次に、曲率半径R_1とR_2を持つレンズの焦点距離は（5-27）式で表されます。

$$\frac{1}{f} = (n-1)\left(\frac{1}{R_1} - \frac{1}{R_2}\right) \tag{5-27}$$

右辺の$\left(\dfrac{1}{R_1} - \dfrac{1}{R_2}\right)$を、両凸レンズでは$K_1$で表し、平凹レンズでは$K_2$で表すことにし、（5-27）式を（5-19）式に代入すると

$$\begin{aligned}
\frac{1}{f} &= \frac{1}{f_1} + \frac{1}{f_2} \\
&= (n_1 - 1)K_1 + (n_2 - 1)K_2
\end{aligned} \tag{8-2}$$

第8章　色収差

となります。ここでn_1は両凸レンズの屈折率でn_2は平凹レンズの屈折率です。青緑のF線での焦点距離や屈折率には添え字のFを付け、赤のC線での焦点距離や屈折率には添え字のCを付けることにすると、アクロマティックの条件は両者の焦点距離が一致することなので

$$\frac{1}{f_F} = \frac{1}{f_C} \qquad (8\text{-}3)$$

です。(8-2) 式を (8-3) 式に代入すると

$$\left(n_{1F} - 1\right)K_1 + \left(n_{2F} - 1\right)K_2 = \left(n_{1C} - 1\right)K_1 + \left(n_{2C} - 1\right)K_2$$

$$\therefore \left(n_{1F} - n_{1C}\right)K_1 = -\left(n_{2F} - n_{2C}\right)K_2$$

$$\therefore \frac{K_1}{K_2} = -\frac{n_{2F} - n_{2C}}{n_{1F} - n_{1C}} \qquad (8\text{-}4)$$

となります。第1章の図1-8でN-BK7の分散曲線を示していますが、どのガラスでも同様に長波長側の屈折率の方が短波長側より小さくなります。したがって、(8-4) 式の分母と分子ともに

$$n_{2F} - n_{2C} > 0 \quad で \quad n_{1F} - n_{1C} > 0$$

なので、(8-4) 式では

$$\frac{K_1}{K_2} < 0 \qquad (8\text{-}5)$$

です。$K > 0$の場合は凸レンズであり、$K < 0$の場合は凹レンズなので (8-5) 式は、凸レンズと凹レンズの組み合わせがアクロマティックダブレットを実現する条件であることを

215

示しています。

（5-27）式はd線でも成り立つので

$$\frac{1}{f_{1d}} = (n_{1d} - 1) K_1 \quad \therefore K_1 = \frac{1}{f_{1d}(n_{1d} - 1)}$$

$$\frac{1}{f_{2d}} = (n_{2d} - 1) K_2 \quad \therefore K_2 = \frac{1}{f_{2d}(n_{2d} - 1)}$$

が成り立ちます。これらを（8-4）式の左辺に代入すると

$$\frac{f_{2d}(n_{2d} - 1)}{f_{1d}(n_{1d} - 1)} = -\frac{n_{2F} - n_{2C}}{n_{1F} - n_{1C}}$$

$$\therefore \frac{f_{2d}}{f_{1d}} = -\frac{\dfrac{n_{2F} - n_{2C}}{n_{2d} - 1}}{\dfrac{n_{1F} - n_{1C}}{n_{1d} - 1}}$$

となります。これに（8-1）式を使うと

$$\frac{f_{2d}}{f_{1d}} = -\frac{\nu_1}{\nu_2}$$

$$\therefore f_{1d}\nu_1 + f_{2d}\nu_2 = 0 \tag{8-6}$$

となりますが、この（8-6）式がアッベ数で表したアクロマティックの条件です。なお、このときのd線の焦点距離は（5-19）式に（8-6）式の関係を使って

$$\frac{1}{f_d} = \frac{1}{f_{1d}} + \frac{1}{f_{2d}} = \frac{1}{f_{1d}}\left(1 + \frac{f_{1d}}{f_{2d}}\right)$$

$$= \frac{1}{f_{1d}}\left(\frac{\nu_1 - \nu_2}{\nu_1}\right)$$

$$= \frac{1}{f_{2d}}\left(\frac{\nu_2 - \nu_1}{\nu_2}\right) \qquad (8\text{-}7)$$

となります。

(8-6) 式と (8-7) 式の計算例として、凸レンズ1には f_{1d} = 30mm でアッベ数 ν_1 = 70 のクラウンガラスを使い、平凹レンズ2は f_{2d} = −50mm とすると、(8-6) 式からアッベ数 ν_2 = 42 のフリントガラスを選べばよいことがわかります。また、これらを (8-7) 式に代入すると f_d = 75mm が得られます。

アクロマートは赤と青の2色で色収差がないレンズ系でしたが、赤緑青の3色で色収差がないレンズ系は**アポクロマート**（apochromat）と呼ばれます。apo も否定を表す接頭辞です。ダブレットにさらにレンズ1枚を加えたトリプレット

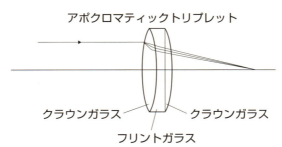

図8-4　アポクロマティックトリプレット

を用いれば、3色での色収差を補正できます。図8-4はアポクロマティックトリプレットの概念図を表していて、アクロマティックダブレットの右側にクラウンガラスの平凸レンズを加えています。

■アクロマートの発明者は誰か

　アクロマートの発明者としてあげられる研究者は2人います。ともにイギリス人のホール（1704〜1771）とジョン・ドロンド（1706〜1761）です。アクロマートの特許をとったのはドロンドですが、広く流布しているエピソードでは、ホールがアクロマートの真の発明者とされています。そのエピソードは次のようなものです。

　ホールは弁護士を本業としていましたが、望遠鏡の改良にも取り組んでいました。当時のレンズを使う屈折型望遠鏡では色収差が補正できず、色のにじみが問題になっていました。ホールは望遠鏡の対物レンズとしてクラウンガラスの凸レンズとフリントガラスの凹レンズを使えば色収差を補正できることを発見し、その秘密が漏れないように2人のレンズ技師に別々にそれぞれのレンズを発注しました。ところが2人のレンズ技師はともにレンズを下請けに出し、その下請け先が1人のレンズ技師のバスでした。バスは秘密に気付き、その秘密をメガネ・光学機器商のドロンドに漏らし、ドロンドはアクロマートの特許をとった。

というものです。

　この話の真偽については1998年に新しい発見がありまし

218

第8章　色収差

た。1998年にイギリスのオックスフォードにある科学歴史博物館（Museum of the history of science）にドロンドの子孫が当時の書類を寄贈しました。ドロンドが興したメガネ・光学機器商は営々と続き2009年に他企業に吸収されるまで存続企業の名前にもドロンドの名が残っていました。

科学歴史博物館のニュースレターによると、発見された書類はドロンドの息子のピーター（1730〜1820）が書いたものでした。一般に流布している話は、実はピーター・ドロンドの義理の弟だったラムスデン（1735〜1800）による1789年の王立協会への報告に基づいています。

ピーターはラムスデンへの反論として王立協会に書簡を送りましたが、その内容によると、ジョン・ドロンドはニュートンの光学書をもとに色収差の補正の検討を進めていましたが、ある日、老眼鏡の注文を受けた際にガラス材を求めてバスを訪ねました。その際に、バスからガラス材の種類についての助言を得たものの、2種類のガラスを使うというアイデアは教えられず、また、ホールの名も全く知らなかったとのことです。

ドロンドが特許を取ってから、特許に気づいたバスはホールに知らせ、1758年の春にドロンドとホールは初めて面談しました。ホールは、「30年早く同じ方法を思いついたが、自分の求める仕様のレンズを手に入れるのが難しく、また、法律の勉強が忙しく、この研究を放置してしまった。ほかの人がそれを完成し、しかもこの発明が役立っていることはうれしいことだ」と述べたそうです。当時のガラスの作成技術やレンズの作製技術では実際に試作して実験してみないと所望の性能が得られるかどうかは判断できなかったことから、

219

その試行錯誤をホールは断念したようです。

　ホールとの面会後の1758年6月にジョン・ドロンドのアクロマートの論文は王立協会に提出されました。この論文によって、世界で最も歴史の長い科学賞である王立協会のコプリーメダルをジョン・ドロンドは受賞し、また、王立協会のメンバーにも選ばれました。

　1761年にジョン・ドロンドが亡くなった後で、同業者らから「ドロンドのアクロマートの特許はホールの発明がすでに世に出ていたので無効である」という訴えがありましたが退けられています。ラムスデンがピーター・ドロンドの妹と結婚したのは1766年で、エピソードのもとになった王立協会への報告は1789年のことなので、ラムスデンの報告は、ジョン・ドロンド没後の伝聞に基づく情報です。一方、1758年のジョン・ドロンドの論文を読んでみると、ニュートンの『光学』をもとに考察を進めていて、ホールとは独立にアクロマートのアイデアにたどり着いたように見えます。総合的に判断すると、「ホールはドロンドより約30年早くアクロマートのアイデアを思いついたものの実用的なアクロマートの作製にはいたらなかった。ドロンドのアクロマートのアイデアはホールより約30年遅かったが、試行錯誤を重ねて実用に耐えるアクロマートの製作に成功した」というところかと思います。なお、アクロマートのアイデアについては、大数学者のオイラーも1747年にガラスと水の組み合わせで提案しています。

　本章では、色収差とその補正方法を理解しました。単色収差の補正に加えて色収差も補正しなければならないのでカメ

220

第8章　色収差

ラなどのレンズ系は複雑になります。コンパクトデジカメの仕様を見てみるとレンズ系は「10群12枚」などと書かれています。単独の1枚のレンズは1群1枚と数えます。ダブレットやトリプレットのように張り合わせているレンズはそれぞれ1群2枚や1群3枚と数えます。比較的安価なコンパクトデジカメでも多数のレンズが使われています。映り方もコンパクトデジカメならどれも同じというわけではなく、実はメーカーごとにかなり違っています。

　前章の単色収差の補正では、絞りを絞った方がザイデル収差は小さくなり、また、第3章で見たように絞りを絞る方が被写界深度は深くなります。したがって、「ボケの少ない鮮明な画像を撮るためには絞りを絞る方がよい」と考えがちです。しかし、もし収差のないレンズ系があったとしたら、次章で見るように解像度はむしろ絞りを絞らない方が上がります。それはいったい何故なのか？　最終章に進んでみましょう。

第9章

回折と分解能

■分解能の限界とは

レンズを使って平行光線を一点に集光する場合を考えてみましょう。幾何光学で考えると、無収差の非球面レンズを用いると無限に小さな点に集光可能なように思われます。しかし、実際にはそのスポットの直径は無限小にはならず、有限の大きさを持ちます。これは光が波の性質を持つためです。どこまで光を絞れるかというのは分解能の問題でもあります。

たとえば、CDやDVD、それにBlu-ray Discにはピットと呼ばれる微細な溝があり、この溝の長さを変えることによって信号が書き込まれています。信号を読みだす際には、レーザー光をこのピットに集光させて、その反射強度を測定します。1枚のディスクにたくさんの情報を載せるにはピットを小さくする方がよいのですが、小さくできる限界は集光スポットの大きさで決まります。

本章では分解能に取り組みますが、次節ではその前提として**複素数**で波の式を表す方法をまずマスターしましょう。

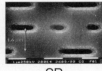  

　　CD　　　　　　　　DVD　　　　　　　Blu-ray

ディスク上のピットのイメージ
Sony 提供

第9章　回折と分解能

■複素数で波の式を表す

　第6章で見たように平面波を表す式としては次のようなサイン波を使います。

$$E_y(z, t) = E_0 \sin(kz - \omega t) \qquad (6\text{-}1)$$

この波を複素数を使って表しましょう。複素数というのは虚数と実数の足し算で表される数です。この複素数を使って波を表すのは数学や物理学でとてもよく利用されていますが、それは計算にとても便利だからです。ここでは、まず虚数についての理解から始めましょう。

　ある数を2乗したものを平方と呼び、平方の元になった数を平方根と呼びます。例えば2を2乗（2×2）すると4になりますが、2の平方が4で、4の平方根が＋2と－2です。ここまでは簡単です。

　次に、数学の発展過程では－1の平方根を考える必要に迫られました。2乗して4になる数や、9になる数は簡単にわかりますが、2乗して－1になる数となると、どのようなものなのか直観的につかめない方がほとんどだと思います。実際、筆者も直観的には理解できません。もちろん、アラビア数字の中にそのような数字は存在しません。そこで－1の平方根には、アルファベットのiという文字を使うことにして、この数を**虚数**（きょすう）と呼ぶことになりました。英語ではimaginary number（直訳すると、想像上の数）と呼びます。デカルトによって名付けられました。任意の虚数は、このiのb（実数）倍なのでibと書けます。そこで、iは**虚数単位**と呼ばれます。式で書くとiと－1の関係は

225

$$i \times i = -1$$
$$i = \sqrt{-1}$$

となります。一方、虚数以外のそれまで使われていた数は**実数**（real number：直訳すると、現実の数）と呼ばれるようになりました。虚数の存在を認めると、「数の概念」は、実数から拡張されて、実数と虚数の両方で表されるということになります。そこで、この拡張した数を**複素数**と呼ぶことにしました。複素数は、実数aと虚数ibの和で表されます。式で書くと

$$a + ib$$

となります。

■複素数を座標に表示する方法

この複素数を、図示できるようにしたのが、19世紀最大の数学者といわれるガウスです。本書ではガウスのレンズ公式としてすでに名前は登場しています。ガウスは横軸に実数をとり（このx軸を**実軸**と呼びます）、縦軸（このy軸を**虚軸**と呼びます）に虚数をとった**複素平面**を考え出しました。この複素平面は**ガウス平面**とも呼ばれます。図9-1の複素平面においては、複素数$a + ib$は、x軸（実軸）上の大きさがaでy軸（虚軸）上の大きさがbである1つの点として表されます。

この複素数$a + ib$を、極座標で表すこともできます。極座標表示では、xy平面上の座標(x, y)ではなく、図9-1のように原点からの距離rと実軸（x軸）からの角度θ（これを

226

第9章　回折と分解能

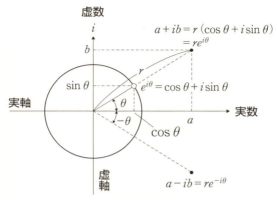

図9-1　複素平面とオイラーの公式

偏角と呼びます）で複素数を表します。なので、

$$a + ib = r(\cos\theta + i\sin\theta)$$

となります。

複素数の絶対値の大きさは、この図の原点からの距離rで表されます。複素数は$a + ib$と表されますが、図の原点からの距離rは$\sqrt{a^2 + b^2}$です。複素数$a + ib$から距離の2乗$a^2 + b^2$を求めるには、$a + ib$に$a - ib$をかければよいことがわかります。

$$(a + ib)(a - ib) = a^2 + b^2$$

この$a - ib$を元の$a + ib$の**複素共役**と呼びます。複素共役の数は、図9-1のように、実軸を対称軸とする線対称の位置にあります。偏角を使って表示すると、

227

$$a - ib = r(\cos \theta - i \sin \theta)$$
$$= r\{\cos(-\theta) + i \sin(-\theta)\}$$

となります。

■オイラーの公式

　この複素数と、三角関数のサイン、コサインの間にはおもしろい関係があります。その関係を見つけたのは、18世紀を代表する数学者、オイラー（1707〜1783）です。オイラーが見つけたのは、次の式の関係で、これを、**オイラーの公式**と呼びます。

$$e^{i\theta} = \cos \theta + i \sin \theta \qquad (9\text{-}1)$$

この関係は、図9-1上では、白抜きの点（○）に対応します。オイラーの公式の右辺の$\cos \theta + i \sin \theta$の絶対値は、これに複素共役の$\cos \theta - i \sin \theta$をかけて

$$(\cos \theta + i \sin \theta)(\cos \theta - i \sin \theta) = \cos^2 \theta + \sin^2 \theta$$

です。三角関数の公式$\cos^2 \theta + \sin^2 \theta = 1$により、この点は図9-1の半径1の円上にあることがわかります。オイラーの公式は、この円上の点が「虚数を肩に乗せた$e^{i\theta}$という**指数関数（複素指数関数**と呼びます）」に対応していることを示しているわけです。

　このオイラーの公式を導くにはテイラー展開を利用します。テイラー展開は、普通、理工系では大学1年で学びますが（この部分は高校数学ではありません）、これはある関数

第9章　回折と分解能

$f(x)$ を、

$$f(x) = a + bx + cx^2 + dx^3 + \cdots$$

というふうにxの何乗かの和で表せるというものです。この
テイラー展開を使うと、指数関数、コサイン、サインは次の
ように表せます（付録参照）。

$$e^x = 1 + \frac{x}{1!} + \frac{x^2}{2!} + \frac{x^3}{3!} + \cdots$$

$$\cos x = 1 - \frac{x^2}{2!} + \frac{x^4}{4!} - \cdots$$

$$\sin x = x - \frac{x^3}{3!} + \frac{x^5}{5!} - \cdots$$

この指数関数のテイラー展開で、xをixで置き換えると、形
式上

$$e^{ix} = 1 + \frac{ix}{1!} + \frac{(ix)^2}{2!} + \frac{(ix)^3}{3!} + \cdots$$

となります。そこで、虚数ixのべき乗をこの式のように定
義することにします。この式の右辺を実数の項と虚数の項に
分けてみます。

$$\begin{aligned}
e^{ix} &= 1 + \frac{ix}{1!} + \frac{(ix)^2}{2!} + \frac{(ix)^3}{3!} + \cdots \\
&= 1 + \frac{ix}{1!} - \frac{x^2}{2!} - i\frac{x^3}{3!} + \cdots \\
&= \left(1 - \frac{x^2}{2!} + \frac{x^4}{4!} - \cdots\right) + i\left(x - \frac{x^3}{3!} + \frac{x^5}{5!} - \cdots\right) \\
&= \cos x + i\sin x
\end{aligned}$$

すると、上式のように、それぞれがコサインとサインのテイラー展開に等しくなります。これが、オイラーの公式e^{ix} = $\cos x + i \sin x$です。

このオイラーの公式を使うと、複素数の極座標表示も、

$$a + ib = r(\cos \theta + i \sin \theta)$$
$$= re^{i\theta}$$

と書くことができます。また、複素共役は

$$a - ib = re^{-i\theta}$$

になります。

■波を表すのに便利な虚数

波を表す関数はオイラーの公式を使えばもっと簡単かつ便利に表せます。先ほどの（6-1）式の

$$E_y(z, t) = E_0 \sin(kz - \omega t)$$

という波は、（9-1）式のオイラーの公式を使えば

$$E_0\, e^{i(kz - \omega t)} = E_0 \cos(kz - \omega t) + iE_0 \sin(kz - \omega t)$$

の虚部（右辺の第2項）をとり$-i$をかければよいということになります（ここで、$kz - \omega t$は実数です）。コサインで振動する波のときには実部（右辺の第1項）をとればよいのです。このように$e^{i(a + ib)x}$という関数を使えば波を簡単に表現できます。また、微分もサインやコサインの微分より指数関数の微分の方が簡単なのです。たとえば、実数の指数関数の微分は

230

第9章　回折と分解能

$$\frac{d}{dx}e^{ax} = ae^{ax}$$

ですが、虚数の指数関数の微分はほぼ同じ形の

$$\frac{d}{dx}e^{iax} = iae^{iax}$$

です（付録参照）。このため波を表す方法としての便利さから科学のすべての分野でよく使われています。

■**レンズによる集光スポット**

　第7章と第8章では収差のある光学系について考えました。収差のない光学系を無収差光学系と呼びます。ここでは平行光線を無収差の凸レンズによって集光する場合（図9-2の開口面の位置に凸レンズがある場合）に、スクリーン上でどの程度の小さな領域に光を絞れるのかを考えてみましょう。単一の波長の光（単色の光）を用いて、球面収差などをすべて補正した非球面レンズを使えば、幾何光学の知識に基づけば光軸上の無限に小さい一点に集光するように思えます。しかし、波動光学でこの集光という現象を考える場合には、レンズの各点で屈折した多数の波が集光スポットで重ねあわされていると考えます。この波の重ねあわせによる集光をこれから計算してみますが、その結果は無限小の点にはならず有限の幅を持ったスポットになるのです。

　この集光の計算では、まず、「レンズがあるべき位置にはまだレンズがなく、丸い穴の開いた開口面がある」という簡略化したモデルから考えていきます。この開口面に到達した

231

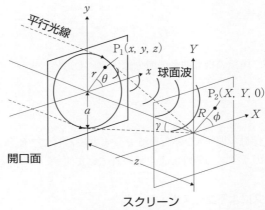

図9-2 凸レンズによる集光

光は、開口面上の各点でホイヘンスの原理に従って2次波の球面波を出すと仮定します(図9-2)。球面波は、すでに見たように球面状に広がっていく波ですが、数式では球面波が発生する点$P_1(x, y, z)$からの距離をρとして

$$\frac{f(P_1)}{\rho} e^{i(k\rho - \omega t)}$$

で表します。$f(P_1)$は点P_1での振幅です。分母にρがあることから、球面波の振幅の大きさはP_1から離れるほど小さくなることがわかります。この球面波が表しているのは、電界の波または磁界の波です。第6章で述べたように、光の強度は電界の2乗に比例するので、球面波の光の強度は、

$$\frac{f(P_1)^2}{\rho^2}$$

に比例します（簡単のために振動項を省いています）。これ
は「微小な点光源から距離ρ離れた点での光の強度が、距離
ρの2乗に反比例して減少すること」を表していて、普段私
たちが日常的に体験する「LEDや豆電球などの点光源とそ
の周りの光の強度の関係＝球の表面積は$4\pi\rho^2$に従って広が
るので、距離ρの点での光の強度はρ^2に反比例して減少す
る」に対応しています。

　次にスクリーン上の点P_2での波の重ねあわせを考えまし
ょう。第1章で見た二重スリットの実験では、2つのスリッ
トで発生した2つの球面波がスクリーン上でどのように重な
るかを図的に考えました。ここでは図9-2の開口面上のすべ
ての点で発生する球面波の寄与を数式を使って足し合わせま
す。これは数式では球面波を開口面上で（球面波の発生源で
ある点$P_1(x, y)$の座標について）積分することに対応します。
よって、開口面上の点$P_1(x, y)$の座標で積分すると

$$u = \int_{-\infty}^{\infty} \int_{-\infty}^{\infty} \frac{f(P_1)}{\rho} e^{ik\rho} dx dy \tag{9-2}$$

となります。なお、この式では表記を簡単にするために光の
波の時間的な振動を表す$e^{-i\omega t}$を割愛しています（この振動
項が必要になる場合は以下の計算結果に$e^{-i\omega t}$をかければよ
いだけです）。

　スクリーン上の点$P_2(X, Y)$での重ねあわせを計算する場
合には、距離ρは点P_1と点P_2の距離なので、開口面とスク

233

リーンの距離をzとすると

$$\rho = \sqrt{(x-X)^2 + (y-Y)^2 + z^2}$$

の関係があります。

ここで、距離zがx, y, X, Yに比べて大きい場合（$z \gg x, y, X, Y$、3倍程度以上）を考えることにすると、$\sqrt{1+a} \cong 1 + \frac{a}{2}(a \ll 1)$の近似（付録参照）を使ってルートを次のように外せます。

$$
\begin{aligned}
\rho &= z\sqrt{1 + \frac{(x-X)^2}{z^2} + \frac{(y-Y)^2}{z^2}} \\
&\cong z\left\{1 + \frac{(x-X)^2}{2z^2} + \frac{(y-Y)^2}{2z^2}\right\} \\
&= z + \frac{(x-X)^2}{2z} + \frac{(y-Y)^2}{2z} \quad\quad (9\text{-}3)
\end{aligned}
$$

これを（9-2）式の右辺の積分の中の指数関数の肩のρに代入します。また、積分の中の分母のρは$\rho \cong z$で置き換えます。指数関数の肩のρをzで置き換えないで精度の高い（9-3）式を使う理由は、指数関数の項は位相を表すので、「位相が異なる波の重ねあわせ」を考える際には正確である方がよいからです。たとえば位相がπ異なる波と波は互いに打ち消しあいます。一方、分母のρは振幅に寄与するのみなので少し異なっても影響は限定的です。よって、（9-2）式は

第9章　回折と分解能

$$u \cong \int_{-\infty}^{\infty} \int_{-\infty}^{\infty} \frac{f(P_1)}{\rho} e^{ik\left(z + \frac{(x-X)^2}{2z} + \frac{(y-Y)^2}{2z}\right)} dxdy$$

$$\cong \int_{-\infty}^{\infty} \int_{-\infty}^{\infty} \frac{f(x, y)}{z} e^{ik\left(z + \frac{(x-X)^2}{2z} + \frac{(y-Y)^2}{2z}\right)} dxdy$$

$$= \frac{1}{z} e^{ikz} \int_{-\infty}^{\infty} \int_{-\infty}^{\infty} f(x, y) e^{ik\left(\frac{x^2 - 2xX + X^2}{2z} + \frac{y^2 - 2yY + Y^2}{2z}\right)} dxdy$$

$$= \frac{1}{z} e^{ikz} e^{ik\frac{X^2 + Y^2}{2z}} \int_{-\infty}^{\infty} \int_{-\infty}^{\infty} f(x, y) e^{ik\frac{x^2 + y^2}{2z}} e^{-ik\frac{xX + yY}{z}} dxdy$$

となります。スクリーン上の平面内の振幅を考える際には、この式の積分が特に重要なので、この積分を取り出して、

$$U = \int_{-\infty}^{\infty} \int_{-\infty}^{\infty} f(x, y) e^{ik\frac{x^2 + y^2}{2z}} e^{-ik\frac{xX + yY}{z}} dxdy \quad (9\text{-}4)$$

を**フレネルの回折積分**と呼びます。

■フラウンホーファー回折

このフレネルの回折積分を表す（9-4）式で、指数関数 $e^{ik\frac{x^2 + y^2}{2z}}$ を1とみなす近似 $\left(e^{ik\frac{x^2 + y^2}{2z}} \approx 1\right)$ を**フラウンホーファー回折**と呼びます。指数関数では $e^0 = 1$ なので、この近似が成立するためには指数の肩の項で $k\frac{x^2 + y^2}{2z} \approx 0$ が成り立つ必要があります。つまり、$\frac{k(x^2 + y^2)}{2} \ll z$ が成立する場合にフラウンホーファー回折が成立します。この条件は開口面とスクリーンの間の距離 z が、開口面上の座標 (x, y) と

235

光軸の間の距離$x^2 + y^2$よりはるかに遠い場合に成立します。この近似では（9-4）式は

$$U = \int_{-\infty}^{\infty} \int_{-\infty}^{\infty} f(x, y) e^{-ik\frac{xX + yY}{z}} dxdy \qquad (9\text{-}5)$$

と簡単になります。

　このフラウンホーファー回折が成り立つ条件を数値を入れて少し詳しく見てみましょう。たとえば、光の波長を0.628μm（0.628×10^{-6}m）の赤色とします。開口部分の直径を4cmとすると半径は2cmなので、$x^2 + y^2$は最大で2cmの2乗で4×10^{-4}m²になります。したがって、

$$k\frac{x^2 + y^2}{2} = \frac{2\pi}{\lambda} \frac{4 \times 10^{-4}\text{m}^2}{2}$$

$$= \frac{2\pi}{0.628 \times 10^{-6}\text{m}} \frac{4 \times 10^{-4}\text{m}^2}{2}$$

$$= 2 \times 10^3\text{m}$$

となり、この値は2kmにもなります。zはこれより十分大きくなければならないので、比を少なくとも10倍としても、20kmは離れていなければならないことになります。とすると、フラウンホーファー回折の対象となる場合はあまり多くはなくて、（9-5）式の活躍の場も少ないように思われます。

　しかし、実際には、フラウンホーファー回折は光学の世界では大活躍しています。どうしてでしょうか？　実は、フラウンホーファー回折が成立するのは、先ほどの開口面とスクリーンの間の距離がとても遠い場合だけではないのです。ここまでは、凸レンズの効果を考えていませんでしたが、開口面に凸レンズがある場合には、レンズとスクリーンが近い場

第9章　回折と分解能

合にもフラウンホーファー回折が成立するのです。次々節でその関係を見てみましょう。

■フレネル

　フレネルは、フラウンホーファーより1年遅い1788年にフランスのノルマンディー地方に建築家の父のもとに生まれました。翌年の7月にはバスティーユ牢獄を民衆が襲撃してフランス革命の騒乱が始まりました。16歳の時に創立後10年めの名門校エコール・ポリテクニークに入学し、2年後に同じくフランスを代表する名門校である国立土木学校に入学しました。卒業後は公職の土木技師になりフランス各地の道路建設に携わりました。光学の研究は土木技師の仕事の合間に取り組みました。

　1815年に、ナポレオンがエルバ島を脱出して、フランスに帰還しました。この騒乱時にフレネルは技師の職を失いました。百日天下と呼ばれるナポレオンの短い復権が終わり、セントヘレナ島にナポレオンが流されると、フレネルは技師に復職できました。この短い失職期間には集中的に光学の研究に取り組む時間ができました。光の回折に関する論文は1818年に発表し、翌年にパリの科学アカデミーから賞をもらいました。フレネルは、光の波動説を支持し、偏光に関しても重要な発見をしています。

　1823年には、光学研究の功

フレネル

237

績によってフランス科学アカデミーの会員に選ばれ、2年後にはロンドン王立協会の会員に選ばれました。しかし、1827年に、フラウンホーファーと同じ39歳という若さで結核により世を去りました。

フレネルとフラウンホーファーはフランスとドイツに分かれて同じ時代を生きました。ナポレオンが勃興してヨーロッパを揺さぶった混乱もともに体験しました。エコール・ポリテクニークから国立土木学校に進み当時のフランスの最高水準の教育機会を与えられたフレネルと、少年時に両親を亡くし職人として働いたフラウンホーファーの青年時代は大きく異なります。しかし、ともに科学の世界で大きな花を咲かせました。

■レンズによる回折

凸レンズによる集光がフラウンホーファー回折になるということを、両凸レンズの場合を例にして見てみましょう。このとき、図9-2のように（開口面に凸レンズがあると考えてください）光軸に平行な光線がレンズに入射し、スクリーン上に集光する場合を考えることにします。

このレンズによって生じる位相差をまず求めます。図9-3で光軸上を進む光は屈折率nで厚さdのレンズを透過します。これに対して、入射高hの平行光線が通過する両凸レンズの厚さは、dより薄くなっています。したがって、光軸上を通過する主光線とは位相が異なります。ここでは開口面上の座標(x, y)を通過する光路での位相差を求めてみましょう。なお、レンズに入射した光は屈折により光路がわずかに曲がり（図中の点線の矢印の光路）、光路長が変化します

第9章 回折と分解能

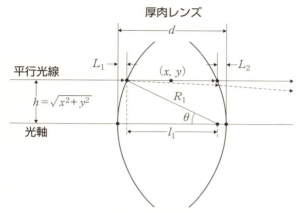

図9-3 厚肉レンズでの光路差

が、簡単のためにこの屈折による光路長の変化を無視することにします。つまり、光はレンズに入射後も光軸に平行に直進する（図中の実線の矢印の光路）と仮定します。

レンズとしては両凸のレンズを考え、表面の曲率半径を $R_1(>0)$ とし、裏面の曲率半径を $R_2(<0)$ とします。屈折による光路の曲がりがないと仮定しているので、開口面上の座標 (x, y) を通過する光路の xy 平面内での座標はレンズの表面と裏面でも同一です。よって、この光路の光軸からの距離は $\sqrt{x^2+y^2}$ となります。このとき図9-3の距離 L_1 は、図からわかるように

$$L_1 = R_1 - R_1 \cos\theta$$

$$= R_1 - R_1 \frac{l_1}{R_1}$$

$$= R_1 - R_1 \frac{\sqrt{R_1^2 - (x^2 + y^2)}}{R_1} \quad (\text{三平方の定理より})$$

$$= R_1 - \sqrt{R_1^2 - (x^2 + y^2)}$$

$$= R_1 - R_1 \sqrt{1 - \frac{x^2 + y^2}{R_1^2}}$$

となり、$x^2 + y^2 \ll R_1^2$ の場合を考えることにすると、先ほど
のルートを外す近似を使って

$$\approx R_1 - R_1 \left(1 - \frac{x^2 + y^2}{2R_1^2}\right)$$

$$= \frac{x^2 + y^2}{2R_1}$$

となります。同様に計算すると、裏面側の距離 L_2 は

$$L_2 = -\frac{x^2 + y^2}{2R_2}$$

と求まります。よって、L_1 と L_2 の和は、光軸上の光路と、
この部分の光路との物理的な長さの差になるので、

$$\frac{x^2 + y^2}{2R_1} - \frac{x^2 + y^2}{2R_2} = \frac{x^2 + y^2}{2}\left(\frac{1}{R_1} - \frac{1}{R_2}\right)$$

となります。(x, y) 座標を通過する光路では、この部分は
空気中なので実効的な光路長はこの式に屈折率1をかけた量

240

第9章　回折と分解能

です。一方、光軸上の光路ではこの部分はガラス中を通過するので実効的な光路長は先ほどの式にガラスの屈折率nをかけた量と同じです。よって、座標(x, y)を通過する光路とレンズ内の光軸上を通過する光路との光路差Δsは

$$\Delta s = (1-n)\frac{x^2+y^2}{2}\left(\frac{1}{R_1}-\frac{1}{R_2}\right)$$

となります。位相差$\Delta\phi$は、この光路差を波長λで割って2πをかけた量で、この$\dfrac{2\pi}{\lambda}$という量は波数kです。また、焦点距離fと曲率半径R_1, R_2の間には（5-27）式の関係があるので、位相差$\Delta\phi$は

$$\Delta\phi = \frac{2\pi\Delta s}{\lambda} = k\Delta s = -k(n-1)\frac{x^2+y^2}{2}\left(\frac{1}{R_1}-\frac{1}{R_2}\right) = -\frac{k}{2f}(x^2+y^2)$$

$$(9\text{-}6)$$

となります。

　フレネル回折を考えた際の開口面上では、凸レンズによって（9-6）式の位相差が生じます。したがって、フレネル公式の（9-4）式の振幅$f(x, y)$はこの位相差を含む関数として

$$f(x, y) = F(x, y)e^{-i\frac{k}{2f}(x^2+y^2)}$$

と書くことができます。ここで$F(x, y)$は位相差を含まない振幅です。これを（9-4）式に代入し、レンズとスクリーン間の距離zが焦点距離fに等しいこと（平行光線をレンズで集光する場合なので$z = f$です）に注意すると（9-4）式は

241

$$\int_{-\infty}^{\infty}\int_{-\infty}^{\infty} F(x,y)e^{-i\frac{k}{2f}(x^2+y^2)}e^{ik\frac{x^2+y^2}{2f}}e^{-ik\frac{xX+yY}{f}}dxdy$$

$$=\int_{-\infty}^{\infty}\int_{-\infty}^{\infty} F(x,y)e^{-ik\frac{xX+yY}{f}}dxdy$$

となります。この式は、(9-5)式のフラウンホーファー回折の積分と同じ形をしています。よって、凸レンズによる集光では、(前々節のフラウンホーファー回折の近似条件に縛られずに)レンズの焦点距離に位置するスクリーンにフラウンホーファー回折を生じることになります。

■瞳関数

円形の凸レンズによる集光を考える場合には、レンズの形状から開口部は円形になります。また、レンズの前後のどちらかに密接して「円形の絞り」がある場合も開口部は円形として扱えます。円形開口では、開口の内側を通る光の振幅を A とすると、開口の外側は光がさえぎられるので振幅の大きさはゼロです。開口部の半径を a で表すと、振幅 $F(x,y)$ は場合によってわけて

$$F(x,y) = A \quad (r \le a)$$
$$F(x,y) = 0 \quad (r > a)$$

となります(ここで $r = \sqrt{x^2+y^2}$)。この場合 (9-5) 式を図9-2のように極座標

$$x = r\cos\theta, \ \ y = r\sin\theta,$$
$$X = R\cos\phi, \ \ Y = R\sin\phi$$

第9章　回折と分解能

を使って表すと（直交座標の積分から極座標の積分への変換：付録参照）

$$\int_{-\infty}^{\infty}\int_{-\infty}^{\infty} F(x, y)e^{-ik\frac{xX + yY}{f}}dxdy$$

$$= \int_0^a \int_0^{2\pi} Ae^{-i\frac{k}{f}rR(\cos\theta\cos\phi + \sin\theta\sin\phi)}rdrd\theta$$

$$= A\int_0^a \left\{ \int_0^{2\pi} e^{-i\frac{k}{f}rR(\cos\theta\cos\phi + \sin\theta\sin\phi)}d\theta \right\}rdr$$

となり、三角関数の加法定理の一つの

$$\cos(\theta - \phi) = \cos\theta\cos\phi + \sin\theta\sin\phi$$

を使うと

$$= A\int_0^a \left\{ \int_0^{2\pi} e^{-i\frac{k}{f}rR\cos(\theta - \phi)}d\theta \right\}rdr$$

となります。今考えているのは光軸を中心として回転対称性のある系なので角度ϕをゼロとしても一般性を失いません。よって、上式は

$$= A\int_0^a \left\{ \int_0^{2\pi} e^{-i\frac{k}{f}rR\cos\theta}d\theta \right\}rdr \tag{9-7}$$

となります。

　このカッコ｛｝の中の積分の計算ではベッセル関数と呼ばれる関数を使います。ベッセル関数はもちろん高校数学の範囲には入っていませんが、知っておくと役に立ちます。ベッセル関数$J_n(x)$は、$n = 0$の場合は

$$J_0(x) = \frac{1}{2\pi} \int_0^{2\pi} e^{ix\cos\theta} d\theta \qquad (9\text{-}8)$$

という形で表されます。また、この関数は x が正でも負でも同じ値を持つ偶関数であり

$$J_0(x) = J_0(-x) \qquad (9\text{-}9)$$

が成り立ちます。(9-7) 式の積分の中身は (9-8) 式を使うと

$$\int_0^{2\pi} e^{-i\frac{k}{f}rR\cos\theta} d\theta = \int_0^{2\pi} e^{i\left(-\frac{k}{f}rR\right)\cos\theta} d\theta$$

$$= 2\pi J_0\left(-\frac{k}{f}rR\right) \qquad (9\text{-}10)$$

となります。

$J_0(x)$ は $n=1$ のベッセル関数 $J_1(x)$ との間に次の微分の関係が成り立つことがわかっています。

$$\frac{d}{dx}\left\{xJ_1(x)\right\} = xJ_0(x)$$

この関係を積分に書き直すと

$$\therefore xJ_1(x) = \int xJ_0(x)dx$$

$$= \int_0^x yJ_0(y)dy \qquad (9\text{-}11)$$

となります。この積分の公式を以下で使います。

第9章　回折と分解能

（9-7）式を（9-10）式の関係を使って書き換えると

$$A\int_0^a \left\{ \int_0^{2\pi} e^{-i\frac{k}{f}rR\cos\theta} d\theta \right\} r dr$$

$$= 2\pi A \int_0^a J_0\left(-\frac{k}{f}rR \right) r dr$$

$$= 2\pi A \int_0^a J_0\left(\frac{k}{f}rR \right) r dr \qquad （（9\text{-}9）式より）$$

となります。ベッセル関数の積分の関係を使うために $w \equiv \dfrac{k}{f}rR$ の変数変換をします。すると $\dfrac{dw}{dr} = \dfrac{kR}{f}$ となり、積分範囲も0からaまでが、0から$\dfrac{kaR}{f}$までに変わります。また、$r = \dfrac{wf}{kR}$ です。よって、

$$= 2\pi A \int_0^{\frac{kaR}{f}} J_0(w) \frac{wf}{kR} \frac{f}{kR} dw$$

$$= 2\pi A \left(\frac{f}{kR} \right)^2 \int_0^{\frac{kaR}{f}} w J_0(w) dw$$

となります。（9-11）式の積分の公式を使うと

$$= 2\pi A \left(\frac{f}{kR} \right)^2 \frac{kaR}{f} J_1\left(\frac{kaR}{f} \right)$$

$$= 2\pi a^2 A \frac{f}{kaR} J_1\left(\frac{kaR}{f} \right)$$

となります。光の強度Iは電界の2乗に比例するのでこの2

245

乗をとると、スクリーン上での光軸からの距離Rの関数として

$$I(R) \propto 4\pi^2 a^4 A^2 \left\{ \frac{J_1\left(\dfrac{kaR}{f}\right)}{\dfrac{kaR}{f}} \right\}^2 \qquad (9\text{-}12)$$

と表されます。これで集光スポットの強度を表す式が求められました。

　実際に集光スポットの形状を知るためには、(9-12) 式に数値を入れて計算する必要があります。その際、ベッセル関数J_1の値を求めなければなりませんが、幸いにして表計算ソフトのエクセルに関数

BESSELJ（数値, 次数）

として組み込まれています。たとえばベッセル関数$J_1(2)$ は

BESSELJ（2, 1）

です。エクセル以外ではフリーのオフィスソフトであるLibreOfficeなどでも同じ関数が使えます。

　この関数を使って (9-12) 式の右辺の ｜ ｜^{2}を描いたグラフが図9-4で、横軸の変数は$\dfrac{kaR}{f}$ です。このグラフでは原点での値は0.25であり、原点から離れるにしたがって強度は弱くなり、次式の半径R_0でグラフからわかるように光の強度はいったんゼロになります。（F値＝$\dfrac{f}{2a}$）

第9章 回折と分解能

$$\frac{kaR_0}{f} = 3.83$$

$$\therefore R_0 = 3.83\frac{\lambda f}{2\pi a} = 0.61\frac{\lambda f}{a} = 1.22\lambda F \quad (9\text{-}13)$$

この半径R_0では、スクリーン上で暗くて円い帯（暗環）が見えます。この暗い帯までの半径を分解能を表す指標として用います。また、この半径の内側のディスク状の領域を**エアリーディスク**と呼びます。

エアリー（1801～1892）は、イギリスの天文学者でグリニッジ天文台の台長も務めました。天体望遠鏡で点状の星を観測するとどのような像を結ぶのかという関心からエアリーディスクを導出し、1835年に論文を発表しました。地球から遠く離れた別の銀河系の星の像を凸レンズを使って撮像素子の上に結ぶ場合を考えてみると、星は遠く離れているので星からの光は平行光線になってレンズに入ることがわかりま

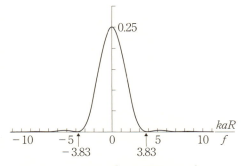

図9-4　凸レンズによる集光スポット

247

す。その星の光を集光すると、撮像素子上のスポットの強度は（9-12）式で表され、図9-4のグラフで表されます。（9-12）式では、レンズの半径aの4乗に比例して強度$I(R)$が大きくなっています。これが大きな口径の天体望遠鏡を作る理由で、口径が大きくなるほど、より微弱な光の星が見えることになります。

レンズへの入射角がわずかに異なる平行光線がもう1つある場合には、スクリーン上の集光スポットは2つになります。図9-5は2つの集光スポットの中心の位置が、先ほどの半径R_0だけずれている場合を表しています。この図のように、位置のずれがR_0に等しい場合には、2つの光強度のピークは分離して見えるので、このピークが2種類の平行光線によって生じていることが判別できます。無限遠の2つの星の光を撮像素子上で識別するときには、この距離R_0が分解能に対応します。

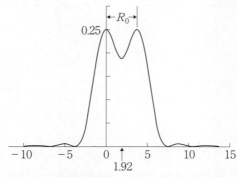

図9-5　凸レンズによる2つの集光スポットの重なり

第9章　回折と分解能

　半径R_0は凸レンズを使ってスクリーン上に集光した場合のスポットの半径を表しますが、この半径を小さくするためには、(9-13) 式から波長λを小さくするか、$\dfrac{f}{a}$（= F値 × 2）を小さくする必要があることがわかります。すなわち、

**　波長が短いほうが分解能が上がり、**
**　また、焦点距離が短く、開口部の半径が大きいほど**
**　分解能が上がる**

ことになります。CD、DVD、Blu-ray Discのそれぞれのレーザーの波長も、780nm、650nm、405nmと短くなっています。

　なお、図9-2の角γが小さい場合には$\sin \gamma \approx \dfrac{a}{f}$ の近似が成り立ちます。媒質の屈折率をnとすると、次の量

$$NA \equiv n \sin \gamma$$

は**開口数**と名付けられていて（英語ではNumerical apertureと言います）、**ＮＡ**とも呼ばれています。このNAを使うと屈折率$n = 1$の場合の (9-13) 式の分解能は

$$R_0 = 0.61 \frac{\lambda f}{a} \cong 0.61 \frac{\lambda}{\sin \gamma} = 0.61 \frac{\lambda}{NA}$$

となります。顕微鏡では分解能は極めて重要なので、対物レンズには通常、倍率の他にこのNAの値も記されています。対物レンズなどを扱う際には、まず倍率が気になるのが普通だと思いますが、ここで見たように無収差の光学系では、分解能を決めるのはNAやF値であることに注意しましょう。

249

CD、DVD、Blu-ray Discのそれぞれの集光光学系のNA
は、0.45、0.60、0.85です。

■集光スポット径の計算

（9-13）式に数値を入れて集光スポット径を計算してみま
しょう。たとえば、焦点距離10cm、半径1.5cmの収差のな
い理想的な凸レンズで波長500nmの平面波を集光した場合
の分解能は、

$$R_0 = 0.61 \times \frac{500\text{nm} \times 10\text{cm}}{1.5\text{cm}} = 2030\text{nm} = 2.03\mu\text{m}$$

となり、このスポット半径はわずか2ミクロンです。

次に直径が3mmのレーザービームの場合の集光の半径の
大きさを計算してみましょう。実際のレーザービームの断面
の光の強度はビームの中心の方が大きくなっているガウス分
布型です。しかし、ここでは簡単のためにレーザービームの
断面のどの位置でも光の強度が同じであり、平面波で近似で
きると仮定した場合を考えてみましょう。ビーム半径は
1.5mmでさきほどのレンズの開口部の直径の10分の1なの
で、集光の半径は以下のように20ミクロンになります。

$$\therefore R = 0.61 \times \frac{500\text{nm} \times 10\text{cm}}{0.15\text{cm}} = 20.3\mu\text{m}$$

このように凸レンズによる集光において、レンズの半径より
細いレーザービームを集光する場合には、（9-13）式のaに
対応するのはレンズの半径ではなく、レーザービームの半径

であることに注意しましょう。したがって、レーザー光をできるだけ絞る必要がある場合には、一度、レーザービームを広げる必要があります。そのためにビームエキスパンダと呼ばれる光学機器があります。ビームエキスパンダの一種は、図4-8のガリレオ式望遠鏡と同じ構造をしています。図4-8の右側からレーザービームを入射させると、左側にビーム径が拡大されたレーザー光が射出されます。

図9-6は別の例として、顕微鏡の対物レンズを使ってレーザー光をカバーガラスとスライドガラスに挟まれたサンプルに集光する場合を表しています。左図では対物レンズとカバーガラスの間が空気であり、右図ではカバーガラスの屈折率とほとんど同じ屈折率1.5のオイルが挿入されています。左図では、空気とカバーガラスの間の屈折が大きいのに対して、右図ではほぼ屈折しないので実効的なNAは、オイルを使った方がよくなります。このようにオイルを使うことを前提とした対物レンズを**油浸対物レンズ**と呼びます。

さて、本章では回折の知識を身につけ、集光スポットの分

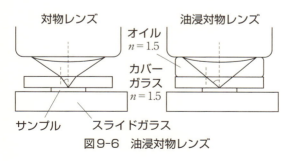

図9-6　油浸対物レンズ

解能を理解しました。この分解能は幾何光学では求められない物理量で、光の波としての性質を利用することによって初めて導くことができました。波動光学の重要性を如実に表す例であると言えます。

　本書では幾何光学の基礎から始まって、これで波動光学の核心にまで進んだことになります。ここまでに得た知識だけでレンズに関わる光学現象はほとんど理解できるようになったことでしょう。また、さらに専門的に光学を学びたいという意欲を持った方には容易に次のステップに踏み込める力が身についていることと思います。ここで本書の旅を終えることにしましょう。

おわりに

英語に visible（ビジブル）と言う単語があります。Vision（ビジョン）に可能を表す able が付いているので、「見える」を意味します。肉眼だけでは見えないものをビジブルにするために光学は発展して来たと言ってもいいでしょう。遠くの見えないものを見るために望遠鏡を、小さくて見えないものを見るために顕微鏡を、そしてある一瞬や動きを別の時間や別の場所で見るためにカメラや写真を発明してきました。この見えないものを見えるようにする試みの根源には、「見えないものを見たい」という人々の強い欲求があります。したがって、人類の文明が続く限り、この強い欲求が光学の発展を促し続けることでしょう。

ビジブルはまた、少し別の意味でも使われることがあります。研究者の多くは、自分自身の研究が他者からビジブルであることに注意を払います。研究は多くの人々との意見交換によって発展するので、多くの研究者は自分の研究を学会や学術誌で発表することに大きな努力を払います。また、優れた研究はしばしば社会的名声や成功ももたらします。1609年に45歳だったガリレオはそれまでほぼ無名でしたが、月を観測してからわずか半年という緊急出版の後、一躍時の人になりました。一方、研究成果が優れていても、ビジブルでない場合には時代の中に埋もれてしまうこともありえます。第1章で登場したスネルの法則などはその一例です。学会活

253

動が盛んな現代でも、真の価値が見い出されるのに数十年を要する先駆的研究は存在します。

　さて、本書を読破した読者のみなさんには新しい何かがビジブルになっていることでしょう。ビジブルになったがゆえに、新たにビジブルでないものに気づくこともあるかもしれません。本書がわずかなりとも読者のみなさんの前途を照らす光となることを期待します。

　本書の出版においては、講談社の梓沢修氏と善財康裕氏にお世話になりました。ここに謝意を表します。

付録

■ラジアンと $\tan\theta \approx \theta$ の近似

付図1で、図のように各記号を定義します。たとえば、円の半径が r で円弧の長さが l です。このとき角 θ [ラジアン] は

$$\theta = \frac{l}{r}$$

で定義されています。一例として、角 θ が360度のときは、円弧の長さ l は円周 $2\pi r$ に等しいので、$\theta = \frac{2\pi r}{r} = 2\pi$ [ラジアン] になります。

一方、三角関数のタンジェントは

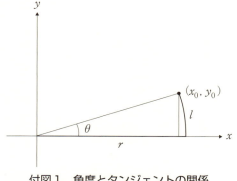

付図1　角度とタンジェントの関係

$$\tan\theta = \frac{y_0}{x_0}$$

です。付図1からわかるように角θが小さいときには

$$r \approx x_0 \quad \text{で} \quad l \approx y_0$$

なので、$\tan\theta \approx \theta$となります。

また、同様に角θが小さいときには$\sin\theta \approx \theta$が成り立ちます。

■三角関数の加法定理

付図2の左図をご覧下さい。斜辺の長さが1で角度xの直角三角形Aが斜めになっています。この三角形の右側の辺の長さは$\sin x$です。この$\sin x$を斜辺とし、角度yの直角三角形Bがその右に書かれています。この三角形Bの底辺の長さは$\sin x \cdot \cos y$になります。

さて、この2つの直角三角形の下に直角三角形Cがあります。三角形の3つの角度の和はπ（$=180$度）なので、直角

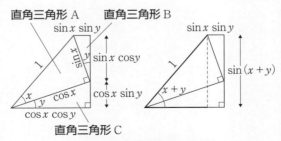

付図2　加法定理の説明図

付録

三角形Bと直角三角形Cは同じ角度を持ちます。したがって、直角三角形Cの右の辺の長さは$\cos x \cdot \sin y$になります。

以上の関係を頭に入れた上で、付図2の右図と比べると

$$\sin(x + y) = \sin x \cdot \cos y + \cos x \cdot \sin y$$

の関係が成り立っていることがわかります。

$$\cos(x + y) = \cos x \cdot \cos y - \sin x \cdot \sin y$$

の関係も同様に証明できます。

■2行2列の逆行列

行列 $\begin{pmatrix} A & B \\ C & D \end{pmatrix}$ の逆行列を表す記号は $\begin{pmatrix} A & B \\ C & D \end{pmatrix}^{-1}$ です。逆行列というのは、元の行列に右からかけても、あるいは左からかけても、その結果が次式のように単位行列 $\begin{pmatrix} 1 & 0 \\ 0 & 1 \end{pmatrix}$ になるものです。

$$\begin{pmatrix} A & B \\ C & D \end{pmatrix}\begin{pmatrix} A & B \\ C & D \end{pmatrix}^{-1} = \begin{pmatrix} A & B \\ C & D \end{pmatrix}^{-1}\begin{pmatrix} A & B \\ C & D \end{pmatrix} = \begin{pmatrix} 1 & 0 \\ 0 & 1 \end{pmatrix}$$

2行2列の逆行列は

$$\begin{pmatrix} A & B \\ C & D \end{pmatrix}^{-1} = \frac{1}{AD - BC}\begin{pmatrix} D & -B \\ -C & A \end{pmatrix}$$

です。先ほどの式にこの逆行列を代入すると、かけ算が単位行列になることが確認できます。

この逆行列の式に従うと

$$\begin{pmatrix} 1 & t \\ 0 & 1 \end{pmatrix}^{-1} = \begin{pmatrix} 1 & -t \\ 0 & 1 \end{pmatrix} \quad や \quad \begin{pmatrix} 1 & t' \\ 0 & 1 \end{pmatrix}^{-1} = \begin{pmatrix} 1 & -t' \\ 0 & 1 \end{pmatrix}$$

の関係が得られます。

■サイン、コサイン、指数関数のテイラー展開

　サインのテイラー展開を求めてみましょう。まず、サインが

$$\sin x = a + bx + cx^2 + dx^3 + \cdots \qquad (\text{F-1})$$

と表されると仮定します。この式に $x = 0$ を代入すると、係数 a が求まります。やってみましょう。

$$\sin 0 = 0 = a$$

となり、$a = 0$ であることがわかります。次に（F-1）式を x で微分します。すると、

$$\cos x = b + 2cx + 3dx^2 + \cdots \qquad (\text{F-2})$$

となり、これに $x = 0$ を代入すると、

$$\cos 0 = 1 = b$$

が求められます。次に（F-2）式をさらに x で微分します。すると、

$$-\sin x = 2c + 6dx + \cdots$$

となり、これに $x = 0$ を代入すると、

$$\sin 0 = 0 = 2c$$

となり、$c = 0$が求められます。以下同様に「微分して$x = 0$を代入する」ことを繰り返すと、

$$\sin x = x - \frac{x^3}{3!} + \frac{x^5}{5!} - \cdots$$

が求められます。これがサインのテイラー展開です。

コサインのテイラー展開や指数関数のテイラー展開も同様にして求められます。

■複素指数関数の微分

この複素指数関数の微分を身につけておきましょう。と言っても、硬くなる必要はありません。コサインとサインの微分の知識だけで充分です。ここで、

$$\frac{d}{d\theta}e^{ia\theta} \quad (\text{ここで}a\text{と}\theta\text{は実数})$$

を求めます。複素数の微分では、実数と虚数を別々に微分します。したがって、オイラーの公式を使って、実数と虚数に分けます。すると、

$$\frac{d}{d\theta}e^{ia\theta} = \frac{d}{d\theta}(\cos a\theta + i\sin a\theta)$$

$$= \frac{d}{d\theta}\cos a\theta + i\frac{d}{d\theta}\sin a\theta$$

と書き直せます。右辺の微分は三角関数の微分なので

$$= -a \sin a\theta + ia \cos a\theta$$
$$= ia(i \sin a\theta + \cos a\theta)$$
$$= iae^{ia\theta}$$

となります。最後の行では再びオイラーの公式を使って指数関数の形に戻しています。これをまとめると

$$\frac{d}{d\theta}e^{ia\theta} = iae^{ia\theta}$$

となります。

■ $\sqrt{1+x} \cong 1 + \dfrac{x}{2}\,(x \ll 1)$ の近似

テイラー展開を行います。$\sqrt{1+x}$ が次式のように変数xの多項式として表せると仮定します。

$$\sqrt{1+x} = a + bx + cx^2 + \cdots \qquad (\text{F-3})$$

両辺に$x = 0$を代入すると$a = 1$が得られます。次に(F-3) 式の両辺をxで微分すると

$$\frac{1}{2}(1+x)^{-\frac{1}{2}} = b + 2cx + \cdots$$

となり、これに$x = 0$を代入すると

$$b = \frac{1}{2}$$

が得られます。よって、

$$\sqrt{1+x} = 1 + \frac{1}{2}x + \cdots$$

となります。xが小さいときは

$$\sqrt{1+x} \approx 1 + \frac{x}{2}$$

が成り立ちます。ちなみに$x = 0.1$の場合で、左辺は $\sqrt{1+x} = 1.04881$ で、右辺は $1 + \frac{x}{2} = 1.05$ です。差はわずか0.1%です。$x = 0.2$の場合でも、左辺は $\sqrt{1+x} = 1.0954$ で、右辺は $1 + \frac{x}{2} = 1.1$ です。差は0.4%です。

■直交座標の積分から極座標の積分への変換

直交座標の積分から極座標への積分の変換は、それぞれの座標系での面積分を考えるとわかりやすいと思います。次式のように直交座標で関数$f(x)$の積分をする場合を考えることにします。

$$\int_{-\infty}^{\infty} \int_{-\infty}^{\infty} f(x)dxdy$$

簡単のために、$f(x) = 1$の場合を考えることにしましょう。するとこの積分は

$$\int_{-\infty}^{\infty} \int_{-\infty}^{\infty} dxdy \qquad \text{(F-4)}$$

となりますが、これはxy平面の全面積を求めることを表しています。付図3のように、微小な四角の面積$dxdy$を考え

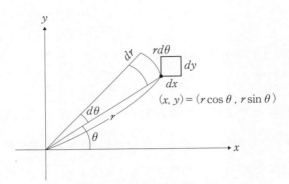

付図3　直交座標と極座標

て、これを変数xは$-\infty$から∞まで、変数yも$-\infty$から∞まで足し合わせるので、全面積になるわけです。

極座標表示では、座標点(x, y)を角度θと原点からの距離rで表すので、

$$x = r \cos \theta \quad \text{と} \quad y = r \sin \theta$$

の関係があります。極座標でxy平面の全面積を求めるには付図3の扇形の面積$dr \times rd\theta$を考えて、これを半径rは0から∞まで、角θは0から2πまで足し合わせればよいので、xy平面の全面積は

$$\int_0^{2\pi} \int_0^{\infty} r dr d\theta \tag{F-5}$$

となります。(F-4) 式と (F-5) 式はともにxy平面の全面積を表しているので両者は等しく

付録

$$\int_{-\infty}^{\infty} \int_{-\infty}^{\infty} dxdy = \int_0^{2\pi} \int_0^{\infty} rdrd\theta$$

となります。関数$f(x)$がもっと一般的な場合に

$$\int_{-\infty}^{\infty} \int_{-\infty}^{\infty} f(x)dxdy = \int_0^{2\pi} \int_0^{\infty} f(x)rdrd\theta$$

が成り立つことは容易に類推できると思います。

■計算ファイル（エクセル）の説明

スネルの法則　媒質1と2の屈折率を入力すると、入射角0度から90度に対する屈折角が計算されます。

ブリュースター角　媒質1と2の屈折率を入力すると、ブリュースター角が計算されます。

被写体距離と映像距離の関係　焦点距離（単位mm）と被写体距離（m）を入力すると映像距離（mm）が計算されます。

被写界深度　焦点距離（単位mm）、許容錯乱円径（μm）、被写体距離（m）、F値を入力すると、前方被写界深度（mm）と後方被写界深度（mm）が計算されます。

過焦点距離　焦点距離（単位mm）、許容錯乱円径（μm）、F値を入力すると、過焦点距離（m）が計算されます。

集光スポット　(9-12) 式の $\left\{\dfrac{J_1\left(\dfrac{kaR}{f}\right)}{\dfrac{kaR}{f}}\right\}^2$ を、エクセルの関数BESSELJ（数値, 次数）を使って計算しています（図9-4に対応します）。

エクセルとほぼ同じ機能を持つフリーのソフトウェアには、Open OfficeやLibre Officeがあります。

本書で解説した被写界深度等を計算するエクセルファイルを、ブルーバックス公式サイト内の特設ページに載せています。下記のURL、またはQRコードを読み取ってアクセスしてください。

http://bluebacks.kodansha.co.jp/special/light_lens.html

(QRコードは(株)デンソーウェーブの登録商標です)

参考資料・文献

『ヘクト光学I ―基礎と幾何光学―』ユージン・ヘクト著、尾崎義治・朝倉利光訳、丸善株式会社

『光学の原理I』Max Born・Emil Wolf著、草川徹訳、東海大学出版会

『はじめての光学』川田善正著、講談社

『シミュレーション光学―多様な光学系設計のために』牛山善太・草川徹著、東海大学出版会

『図解入門よくわかる最新レンズの基本と仕組み』桑嶋幹著、秀和システム

『レーウェンフックの微生物観察記録』天児和暢、日本細菌学雑誌、69（2）, pp.315-330（2014）.

『星界の報告』ガリレオ・ガリレイ著　山田慶児、谷泰訳 岩波文庫

『ガリレオ　―望遠鏡が発見した宇宙』伊藤和行著、中公新書

O'Connor, John J.; Robertson, Edmund F., *MacTutor History of Mathematics archive*, University of St Andrews.
http://www-history.mcs.st-and.ac.uk/

"Peter Dollond and Jesse Ramsden", Sphæra (Museum of the History of Science, Newsletter), no.8, Autumn, (1998).

"On the Diffraction of an Object-glass with Circular Aperture" G. B. Airy, Transactions of the Cambridge Philosophical Society, Vol. 5, pp.283-291 (1835).

さくいん

【アルファベット】

CCD	59
cell	89
CMOS	59
F値	67, 68
grad	164
NA	249
P波	34
S波	34

【あ行】

アイコナールの特性関数	164
アイコナール方程式	165
アインシュタイン	31
アクロマート	214
アクロマティックダブレット	213
厚肉レンズの光線行列	143
アッベ	149
アッベ数	207
アッベダイアグラム	211
アッベの正弦条件	197
アッベの不変量	118
アナスティグマート	202
アプラナート	198
アポクロマート	217
アポクロマートレンズ	150
アル・ハイサム	16
移行行列	120
一眼レフカメラ	53
色消しレンズ	213
色収差	178
ウォラストン	208

薄肉レンズの近似	48
薄肉レンズの結像式	48
薄肉レンズの光線行列	128
エアリー	247
エアリーディスク	247
映像距離	43
エウクレイデス	14
遠点	64
オイラー	228
オイラーの公式	228
凹レンズ	38

【か行】

カール・ツァイス	148
開口数	249
回折	23
ガウス	141
ガウス像点	181
ガウスのレンズ公式	48
ガウス平面	226
画角	62
角振動数	155
角倍率	48
角膜	75
可視光	24
過焦点距離	74
カメラ	41
カメラ・オブスクュラ	13, 41
ガラスプリズム	22
ガリレオ	96
ガリレオ式望遠鏡	100
干渉	23
桿体細胞	77
幾何光学	23
北里柴三郎	95

球面収差	192		コマ収差	195
共役	43			
行列式	131		**【さ行】**	
虚軸	226			
虚数	225		ザイデル	178
虚数単位	225		ザイデル収差	178
虚像	83		細胞	89
許容錯乱円	64		サジタル面	199
許容錯乱円径	64		撮像素子	53, 59
キルヒホフ	209		『算術』	165
近軸光線の近似	50, 116		参照球面	182
近点	64, 76		磁界	32
銀板写真	56		紫外光	24
空気の屈折率	19		実軸	226
屈折角	17		実数	226
屈折行列	122		磁場	32
屈折式天体望遠鏡	104		絞り	63
屈折の法則	16		シャッタースピード	61
屈折率	17, 173		主光線	198
屈折力	133		主点	141
クラウンガラス	212		硝子体	76
グラジエント	164		焦点	39
ケプラー	13, 96		焦点距離	42
ケプラー式望遠鏡	96		焦点深度	67
『顕微鏡図譜』	87, 109		焦平面	40
広角	62		真空の屈折率	19
『光学』	26		水晶体	75
『光学の書』	16		錐体細胞	77
虹彩	76		スティグマート	200
光軸	42		スネル	16
光線逆進の原理	23		スネルの法則	17
光線行列	120		『星界の報告』	96
光線収差	181		正立式望遠鏡	106
光線追跡	119		赤外光	24
後側主平面	134		接眼レンズ	93
後側焦点	42		節点	141
勾配	164		セルマイヤーの分散式	27
光路	23		前側主平面	134
光路長	160		前側焦点	42
コッホ	95		全反射	22

さくいん

像界	41
像距離	43
像空間	41
像空間焦点	42
像焦点	42
像点	43
像平面	179
像面湾曲	200

【た行】

第一焦点	42
第二焦点	42
対物レンズ	93
ダゲール	56
ダゲレオタイプ	57
縦倍率	50
縦偏光	33
ダブレット	213
単色収差	178
ディオファントス	165
ディオプトリー	133
デカルト	75
電界	32
電磁波	31
電磁誘導の法則	169
天体望遠鏡	104
電場	32
瞳孔	76
凸レンズ	38
トリプレット	213
ドロンド	218

【な行】

波の性質	23
ニエプス	56
入射角	15
入射面	34
ニュートン	25

ニュートンのレンズ公式	47

【は行】

波数	155
波長	155
波長分散	25
波動光学	24, 154
波動説	28
ハミルトンの特性関数	164
波面	154
波面収差	182
反射角	15
反射鏡	53
反射式天体望遠鏡	104, 106
反射の法則	15
汎フォーカス	74
パンフォーカス	74
『光についての論考』	17, 18
光の直進性	13
非球面	113
被写界深度	64
被写体距離	43
非点収差	198
ひとみ径	108
瞳面	179
ファインダー	53
フェルマー	165
フェルマーの原理	166
複屈折	31
複素共役	227
複素指数関数	228, 259
複素数	225, 226
複素平面	226
物界	41
フック	89, 109
物空間	41
物空間焦点	42
物焦点	42
物体距離	43

269

物体平面	179	ミラーレス一眼カメラ	54
物点	43	無限遠光学系	95
フラウンホーファー	208, 210	無反射コート	174
フラウンホーファー回折	235	明視距離	76
フラウンホーファー線	206	メニスカスレンズ	113
プラン	202	メリジオナル面	198
ブリュースター角	34	網膜	75
フリントガラス	212	毛様体	75
フレネル	237		
フレネルの回折積分	235	**【や行】**	
分光	25		
分散	207	ヤング	28
ブンゼン	209	ヤンセン親子	89
平凹レンズ	112	ユークリッド	14
平凸レンズ	112	横波	33
平面波	154	横倍率	46
ベッセル関数	243	横偏光	33
ペッツバール条件	201		
ペッツバール像面	200	**【ら行】**	
ペッツバール和	201		
ヘルツ	31	ラジアン	19, 255
ヘルムホルツ-ラグランジュの		理想像点	181
不変式	50	リッペルスハイ	95
偏角	227	粒子説	28
偏光	31	両凹レンズ	112
偏微分	162	両凸レンズ	112
ホイヘンス	17, 104	臨界角	22
ホイヘンスの原理	160	輪帯半径	191
望遠	62	レーウェンフック	86
房水	76	レンズ	38
ホール	218	レンズ系	53
		レンズメーカーの式	144
【ま行】			
		【わ行】	
マクスウェル	31		
マクスウェルの方程式	169	歪曲	202
マリュス	30	ワイルズ	166

270

N.D.C.425.3　270p　18cm

ブルーバックス　B-1970

高校数学でわかる光とレンズ
光の性質から、幾何光学、波動光学の核心まで

2016年5月20日　第1刷発行

著者	竹内　淳	
発行者	鈴木　哲	
発行所	株式会社講談社	
	〒112-8001　東京都文京区音羽2-12-21	
電話	出版	03-5395-3524
	販売	03-5395-4415
	業務	03-5395-3615
印刷所	（本文印刷）豊国印刷 株式会社	
	（カバー表紙印刷）信毎書籍印刷 株式会社	
本文データ制作	講談社デジタル製作部	
製本所	株式会社国宝社	

定価はカバーに表示してあります。
©竹内　淳　2016, Printed in Japan
落丁本・乱丁本は購入書店名を明記のうえ、小社業務宛にお送りください。
送料小社負担にてお取替えします。なお、この本についてのお問い合わせは、ブルーバックス宛にお願いいたします。
本書のコピー、スキャン、デジタル化等の無断複製は著作権法上での例外を除き禁じられています。本書を代行業者等の第三者に依頼してスキャンやデジタル化することはたとえ個人や家庭内の利用でも著作権法違反です。
Ⓡ〈日本複製権センター委託出版物〉複写を希望される場合は、日本複製権センター（電話03-3401-2382）にご連絡ください。

ISBN978-4-06-257970-4

発刊のことば

科学をあなたのポケットに

二十世紀最大の特色は、それが科学時代であるということです。科学は日に日に進歩を続け、止まるところを知りません。ひと昔前の夢物語もどんどん現実化しており、今やわれわれの生活のすべてが、科学によってゆり動かされているといっても過言ではないでしょう。

そのような背景を考えれば、学者や学生はもちろん、産業人も、セールスマンも、ジャーナリストも、家庭の主婦も、みんなが科学を知らなければ、時代の流れに逆らうことになるでしょう。

ブルーバックス発刊の意義と必然性はそこにあります。このシリーズは、読む人に科学的に物を考える習慣と、科学的に物を見る目を養っていただくことを最大の目標にしています。そのためには、単に原理や法則の解説に終始するのではなくて、政治や経済など、社会科学や人文科学にも関連させて、広い視野から問題を追究していきます。科学はむずかしいという先入観を改める表現と構成、それも類書にないブルーバックスの特色であると信じます。

一九六三年九月

野間省一